重生的書店

日本三一一
災後書店紀實

序章

這是在兩人殷切期盼之下重生的書店。

走進地上鋪著木板的店裡，就能聞到一股書香。大手惠美子小姐拆開經銷商寄來的紙箱，將書陳列在新書櫃上。只見她仔細檢查每一本實用書並收進書櫃裡，於是架上開始出現各類書籍，包括食譜、醫療、運動、園藝、占卜、證照考試參考書等等。

就在此時，她突然停下手邊的動作，眼神中帶著不可思議的光采眺望著眼前的書櫃，深有所感地跟正在整理文具商品的媽媽喜美女士說：

「媽，這裡真的變成書店了……。」

二〇一二年五月二十九日，我來到岩手縣下閉伊郡山田町。

在三一一東日本大地震引起的海嘯中受創甚鉅的中央町地區，興建了一個臨時商店街，名為「高砂通商店街」。

這裡原本是醫院所在地，現在蓋起了五棟細長型的兩層樓組合屋。由社長大手喜美女士與女兒惠美子小姐經營的大手書店，位於北側樓的一樓，大小約有十坪。為了迎接五天後正式開幕，喜美女士、惠美子小姐與她的兒子一也，三個人正忙著進行各種準備。

「我們三天前才拿到鑰匙，這三天只能整理到這個程度。」

雖然放了商品的紙箱還堆積如山，但文具、雜誌以及三分之二的書已經放在架上，惠美子小姐環顧店內模樣，開心地笑了起來。

喜美女士的先生原本是一位郵差，大約五十年前，她在先生的鼓勵下，在陸中山田車站附近開了一間小小的大手書店。這間書店不幸於二〇一一年三月十一日遭到海嘯沖毀，就連住家也未能倖免。同年六月高砂通商店街旁邊的「仲好公園」裡架設了大型帳棚，母女倆在度過了兩個多月的避難生活後，便在帳棚裡開了臨時書店。

「剛開始幾乎沒有書和文具，只賣一些慶典上常見的抽抽樂以及紀念品。根本不像是書店，比較像雜貨店。」二月上旬氣候還很寒冷，雙手凍僵、穿著厚重衣物的惠美子小姐如此說道。

「那個時候沒有電視可看，也沒有電話可打，我唯一能做的就是思考，我認為再這樣下去不行，一定要做點什麼事……於是我發現我留在這裡能做的事情就是繼續賣書，說什麼都要堅持下去。」

地震過後一年多，母女倆好不容易可以進駐組合屋，開始進行開店的前置作業。現在的她們，看起來比以前更有活力。她們開心地告訴我，剛進來的時候店裡是水泥地，現在的木地板是昨天她們自己鋪的。

惠美子小姐繼續檢查箱子裡的書，對我說：「我們真的等了好久，組合屋好不容易才蓋好，終於可以將各種書籍陳列在架上。如果牆上沒有滿滿的書，沒辦法讓顧客看得眼花撩亂，那根本不算是書店啊，你說對不對？」

喜美女士也篤定地說：「看樣子我們應該能趕得上開店。我之前還緊張到夢見開店前書都還沒上架，不知道該怎麼辦才好，結果半夜被嚇醒呢！還好那只是場夢……。」

那天母女倆一直忙到傍晚過後。

我跟她們約好五天後開店時會再來，離開書店時，我心中百感交集。過去一年我跑遍東北地方的書店，惠美子小姐說的「這裡真的變成書店了……」那句話在我心中迴盪，久久不去。

重生的書店MAP

根據日本書商協會調查，岩手、宮城、福島等三個縣共有三百九十一間書店受災，約占三縣書店總數的百分之八十八點一。直到二〇一二年三月為止，歇業書店有十六家，未確定是否重新開幕的書店有二十家。

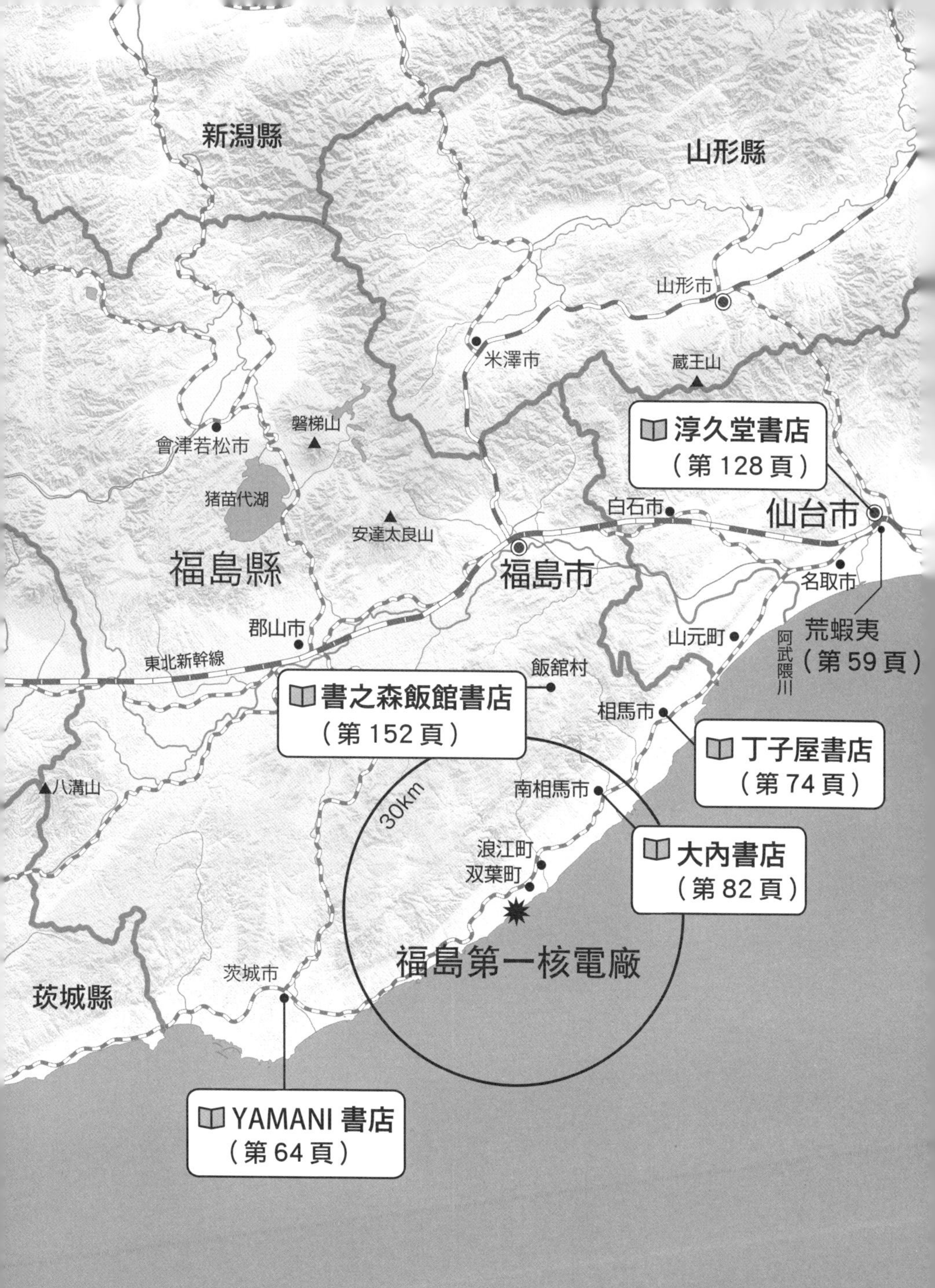

map by TUBE GRAPHICS

【目錄】

chapter

1

書是「生活必需品」

親自到現場了解真實情形

從都營三田線志村三丁目車站，走到東京都板橋區的中央社總公司大樓只要十分鐘，走過環狀八號線後，就在新河岸邊。公司大樓為四層樓建築，旁邊還有一個差不多大小的倉庫。我到中央社拜訪的那一天，依舊有大大小小的貨車進出，搬運堆積如山的書籍和雜誌。

中央社是一間書籍經銷商，負責日本全國約一千家通路的書籍批發，其中包括四百家書店，東京總公司裡共有一百四十名員工。陳舊的樓層牆面貼滿書籍與漫畫海報，旁邊就是會客區，我坐在會客區的椅子上，與開發事業推廣室的齋藤進先生會面。

他喝了一口茶，開口說：「還記得那一天……一開始我聽到地震的聲音，後來出現強烈搖晃，一發不可收拾。不只是抽屜都掉出來，有輪子的椅子也四處滑動，許多同事忍不住尖叫起來。後來上網查了一下震央，才知道在宮城縣外海。我趕緊聯絡東北地方的書店，可是打了好幾次電話都打不通……。」

同樣是書籍經銷商，東販和日本出版販售（簡稱日販）屬於大型經銷商；

中央社的客戶則是以中小書店為主，而且大多數是與當地生活緊密相連的「小鎮書店」。三陸沿岸與東北地方就有好幾間書店是齋藤先生的客戶，他忍不住回想起那些書店的情形。

所謂「小鎮書店」就是在狹窄的店內，放滿各式各樣的文具、書籍、漫畫與雜誌，入口附近一定會陳列暢銷書，旁邊還有一個小小的收銀機。白天老闆都會出門推銷跑客戶，再請家裡的某個人幫忙看店。

地震過後，齋藤先生趕緊打開中央社四樓的電視，不一會兒，螢幕上出現了海水灌進流經仙台市的名取川，形成一大片黑濁的海嘯，吞噬了溫室、住家與農田，不斷往內陸侵襲的模樣。儘管心中震驚不已，他仍持續不斷地聯絡當地的書店老闆，可惜電話怎麼打都打不通。

地震發生三天後，也就是三月十四日星期一，許多原先一直聯絡不上的災區書店老闆，紛紛用手機從避難所打電話到中央社來說明目前狀況，於是齋藤先生便開始處理後續事宜。

好幾位老闆都說：「我們人都沒事，可是書店沒了。」齋藤先生也向他們打聽附近其他書店的情形，得到的回應都是：「我不清楚他們的狀況，不過聽說那裡也很慘……。」

店面被海嘯沖毀之後，他們都感到前途茫茫。

所有商品都被沖走，就算還有庫存也全都濕了。「我們該怎麼辦才好？」——面對書店老闆絕望的心聲，不只是齋藤先生，所有中央社的業務窗口都不知該如何回答。

齋藤先生告訴我，他每次都會回答：「中央社一定會幫助你重新站起來，千萬不要放棄。」來鼓勵他們堅持下去。不過，隨著時間過去，焦慮的情緒反而益發強烈。

雖然和一些書店老闆取得聯繫，但還是有幾家書店音訊全無。詢問連鎖書店總公司，對方也不清楚當地分店的狀況。我認為現在最好的「幫助」就是親自到現場了解真實情形。

「就算我們現在想針對重災區運送必要物資到當地書店，我們也不知道該將哪些物品送到哪裡去。首要之務就是先確認現況，從可以前往的災區開始著手。於是我們先去拜訪茨城縣的書店，三月中也去了一趟福島縣的內陸地區。

不過，其實我真正想去而且一定要去的地方是三陸沿岸。最後一直到四月十二日，新幹線恢復運行至福島車站之後，我們才真正進入了該地。」

營業到這一季為止

二〇一一年四月十二日早上。

齋藤先生與另一位同事一起從東京車站搭乘東北新幹線前往福島車站，到了福島車站之後，又到與中央社簽約合作的日產租車公司租了一輛車，沿著地震過後路面變得崎嶇起伏的東北高速公路（東北自動車道）北上。拿出事先拼貼好、從福島到三陸沿岸的地圖沿途找路，先從內陸往北走，前往盛岡與八戶造訪客戶臨時搭建的攤位，將食物等民生物資拿給他們。

齋藤先生的包包裡放著好幾張調查紀錄表，這是用來記錄每個客戶住家與店鋪的受災情形、復原的可能性、重新開店的意願、是否已參加書店工會（慰問金金額會因參加與否有所調整）等資訊。他一邊開車，心裡暗忖這些空白的調查資料，待會會寫上什麼樣的內容呢……？

沿著海岸線開在國道四十五號上，往久慈方向行駛。齋藤先生不禁想起三月底造訪福島縣南相馬市鹿島區的菊池書店時，書店老闆對他說的話，心中百感交集。

他轉述當時的情形說：「我去找菊池書店老闆時，他說他打算將書店收掉。店面已經年久失修，再加上自己也老了，又沒有年輕人願意接手。他沒有錢重建書店，也不知道輻射外洩問題會如何演變。所以他決定與學校的買賣合約只簽到這一季為止，明年（二〇一二年）四月就結束營業。」

聽著書店老闆絕望地訴說受災狀況，齋藤先生心想：「該來的還是來了。」

在地震發生一個月後，他一直很擔心書店老闆的現況。

先前已經說明過，齋藤先生負責的客戶大多是日本各地鎮上的小書店。這些與當地居民生活緊密相連的小書店，在這幾十年之間大幅銳減。從泡沫經濟時期的最高峰一路下滑，一九九〇年代中葉又遇到大型書店於全國迅速佈點的嚴峻挑戰逐漸式微。根據日本出版基礎設施中心（JPO）的調查結果，日本全國書店數量在二〇〇三年到二〇一一年之間，從兩萬八千零八十家銳減到一萬六千七百二十二家。另一方面，每家書店的平均坪數大約增加了百分之四十五，由此可見，書店業的競爭日趨激烈。

對中央社這種以中小書店為主要客群的經銷商而言，中小書店數量逐漸減少的趨勢是他們不得不面臨的課題。不可諱言的，不只是書店，其他業界都面臨相同問題。正因處於這樣的時代裡，包括齋藤先生在內的所有經銷業務，最重要的就是要想辦法維持中小書店營運，幫助他們創下一定程度的營業額。

面臨時代挑戰仍不畏懼，在逆境中堅守小小店面的書店老闆們，看著自己的書從書櫃中震下來，散落一地；看著海嘯侵襲過的店內空無一物的情景，想必一定對他們造成極大的打擊。

經營了一輩子的書店，每天搬出搬入，揮汗工作，進出店裡的書籍與雜誌就像血液一樣不斷循環。沒想到這些心血竟然在一瞬間被奪走，頓失依靠的書店老闆，該從何找回繼續經營書店的幹勁與勇氣？

一想到菊池書店老闆決定「營業到這一季為止」的心情，齋藤先生內心就充滿著落寞、悔恨以及難以言喻的痛苦。

他翻開行事曆對我說：「我是四月十二日下午三點十五分抵達久慈市。」

行經久慈市中心，繼續往前來到了十公里以外的野田村。一路上都還看得到海嘯肆虐過後的斷垣殘壁。出了市區之後，國道與ＪＲ北谷灣線並行，形成一條筆直的道路。從野田灣往下走，就會看到人口只有四千五百人左右的野田村。

靠著衛星導航與地圖，齋藤先生終於來到野田村裡名為「中健」的商店。中健總店位於久慈市，除了書與文具之外，亦販售商用複合機與事務機器，是業務範圍很廣的老店。這間中健商店是野田村裡唯一販售書籍的店家。

齋藤先生將車停在店門口，一下車就感受到四月傍晚的冷冽氣候，一股帶著海洋味道的強風迎面吹來，令人忍不住發抖。眼前有一棟以合板遮住破掉的玻璃窗的房子，他從縫隙往屋內看，發現店裡的瓦礫已經收拾乾淨，卻沒有任何一樣商品。商店的後面是住家，社長中野十郎先生就在後面整理殘破不堪的家裡。中野先生只默默說了一句：「費了好大的勁才整理成這樣……。」

據說當時海嘯沖進二樓樓梯，水退了之後，只見店裡散落著書籍、文具與OA機器，所有商品堆成一團，慘不忍睹。抬頭看著釘在天花板梁柱上的時鐘，時間正停在三點四十分。

店門前的道路可以看到沿著野田灣堤防開通，筆直的國道四十五號。聽說以前這片沿海地區長滿了松樹林，如今只看見對面道路還有幾顆零零落落的松樹。

中野先生不禁感概：「以前站在這裡根本看不到海，海嘯帶走了一切，店面與倉庫都沒了。」

從地震過後第二天，中野先生就與所有員工一起努力恢復店面。在這段期間裡，之前有往來的廠商業務紛紛到此慰問並提供協助，齋藤先生也在一個月後造訪此地。無論遇見誰，中野先生都與他們說同樣的話。

這裡曾經是野田村最繁華的中心地帶，也是居民們生活工作的地方，如今這一切全部消失。望著眼前荒涼殘破的景象，齋藤先生可以想像「重建」與「復興」的道路有多艱難，一時之間頓失方向。

確認所有受災情形後，暮色已降臨四周。街上沒有任何一盞燈，在微暗天色裡吹著冰冷海風，令人感到更深沉的寒意。

「我已經沒辦法再開店了」

齋藤先生當天住在預訂的久慈市商務飯店裡，從明天起要花兩天拜訪山田町、大槌町、釜石市、氣仙沼市和石卷市的書店，其中還包括老闆不幸罹難的店家。市區裡多的是只剩鋼筋骨架或房屋地基，其餘全被海嘯沖走的店面。

某位在石卷市經營書店的老闆，在避難所跟齋藤先生說：「我已經沒辦法再開店了。」絕望的表情令人不忍卒睹。跟著老闆到原本的店址一看，只見褐色鐵筋歪斜地倒在一旁，就連地基也被沖離原有位置。老闆說：「連這後面的整片山都被海嘯侵襲，大火就像尼加拉瓜大瀑布一樣熊熊燃燒，房子全都燒成灰燼了。我趕緊將爸爸從二樓被揹下來，坐上車子逃難。就連鐵門也只關上一半，銀行存摺、印章與收銀機全被沖走，就算想再開店也沒有資金，我真的一無所有了。現在的我只顧得了在避難所填飽肚子，完全沒有其他力氣想別的事。」

「老實說，我真的好想哭。」即使過了這麼久，齋藤先生回想當時的情形依舊哽咽不已。「像我這種在東京生活的人，一到當地就聞到海嘯侵襲過後留下的腥臭味，感受淒涼荒蕪的風與空氣，聽著書店老闆訴說他們的心聲，真的會感到很心酸，很想趕快逃離現場。我一直在想為什麼會變成這樣，老天爺為什麼這麼無情，他們都是勤勤懇懇、辛苦經營小鎮書店的老實人，現在卻失去了所有商品。唯一可以說得上是出版品的東西，只剩下貼在牆上的紙片而已……。」

話說回來，雖然齋藤先生這三天造訪三陸沿岸的客戶，親眼目睹許多慘狀，不過，他的收穫不只是沉悶絕望的情緒而已。

位於山田町的大手書店是一間設在ＪＲ山田線陸中山田車站附近的小書店，同樣遭受海嘯侵襲，整個店面付諸流水。當齋藤先生來到山田高中體育館，探望到此避難的社長大手喜美女士與她的女兒惠美子小姐時，他卻在那裡看見了「書」。

齋藤先生告訴我：「原來的大手書店差不多有十五坪大小，門口有扭蛋機，店裡面賣的是文具與各類書籍。後來我去看，只剩下入口處的地磚，其他全被沖走了。但是當我到高中體育館探望老闆時，看見喜美女士待在一個用紙箱隔出來的地方，她跟我說她的女兒開著沒被沖走的小車去送書了。地震後她們將收貨地址改到商會，再到商會收貨，將客人在地震前訂購的刊物、定期訂購的雜誌以及委託購買的書籍送到他們手上。」

山田町原有的兩家書店都被沖毀，許多常客來問她們「可不可以訂書」，所以她們才想到這個方法，慢慢恢復書籍直銷與宅配等業務。

齋藤先生根據調查紀錄表的內容詢問大手喜美女士，雖然她也是苦無資金重新開業，但她認為，還好家人都平安無事。既然如此，她想再重新開業，不想放棄自己的夢想。

齋藤先生向她保證：「中央社一定會盡全力幫助妳，請妳一定要堅持下去。」

就在此時，他發現這個在避難所用紙箱隔出來的狹窄空間裡，放著好幾本週刊雜誌與文庫本。

他回想起當時的心情：「看到那些書時，我內心相當激動。」仔細想想，待在避難所裡的災民幾乎沒有人帶電腦，那個環境也無法好好使用手機或網路，更別說是連電力都還沒搶修恢復的地區。避難所最常看到的消息來源就是報紙、名冊以及告示板上的啟示，這些紙本資訊是災民們與外界聯絡的唯一管道。「書」與「雜誌」更是人們賴以慰藉的心靈良伴。

「當時我真恨自己為什麼沒帶書過去，環顧四周，體育館是個開放空間，不只災民們毫無隱私可言，有些人還必須靜養休息。整個體育館只有一台電視，成天播放地震新聞，根本無法讓人靜下心來。這個時候如果有一本書，每個人就能沉浸在自己喜歡的世界裡。無論是週刊雜誌或繪本都好，避難所最需要的就是書。」

不只如此——齋藤先生繼續分享他的心情。

在釜石市經營老字號書局「桑畑書店」的桑畑真一先生，也讓他有相同的想法。

沿著國道四十五號從山田町前往大槌町，開車大約二十分鐘即可抵達釜石市中心。過了釜石市公所之後，就會看到七十坪左右的桑畑書店。

桑畑書店可說是釜石市區的地標，如今那裡只剩建築物的鋼筋骨架，到處殘留著碎石瓦礫。齋藤先生開著租來的車，利用衛星導航來到店址，看見店長桑畑真一揹著背包，整理碎石瓦礫的身影。

身材高大的桑畑先生看起來很疲憊，不過他還是每天騎著腳踏車工作，靠著在瓦礫堆中找到的顧客名冊與自己的記憶，四處配送定期訂閱的雜誌。還在原本的書店大門貼了一張紙，公告新的辦公室地址。他在釜石車站附近的「Maiya」超市旁，租了一個小小的辦公室，堅持在這裡繼續經營「書店」。

兩人站在一旁寒暄了一會兒，決定回到辦公室好好聊聊。

齋藤先生開著車，慢慢跟在騎著腳踏車的桑畑先生後面。附近全都是自衛隊的救災車輛和警車，道路兩旁堆起了一座座瓦礫山。

「他的辦公室裡只有從家中搬來的書桌，其他什麼東西都沒有。桑畑先生還跟我說，他所有的財物都被海嘯沖走了，所以現在外出工作時都騎腳踏車代步。還用朋友送的電腦，重新打一份顧客資料。

他不斷跟我說：『我一定會繼續做下去，這種小事打不倒我的。』這句話讓我深受感動。桑畑書店花了好多錢整修店面，還買了很多庫存，如今都與住家一起被海嘯沖毀，一般人遇到這種情形肯定會一蹶不振，可是他卻認為若要抱怨那會沒完沒了，現在唯一要做的事情就是力圖振作。於是決定出門推銷書籍，希望有一天能開設臨時店面，重新做起。」

當齋藤先生在四月份造訪三陸沿岸時，整個東北地方有九成的書店受到地震影響。根據出版流通改善協議會編輯發行的《二〇一一年：出版再販・流通白皮書 No・14》的內容，岩手、宮城與福島三縣的書店，超過七成全毀或半毀。幾個月後，預計歇業的書店更暴增將近兩成。

儘管面臨如此悲慘的現況，仍然有人像桑畑先生一樣決定「堅持下去」。齋藤先生也有幸在這樣的情況下，看到了人性中堅強的一面。

出版一本書的意義

三月十一日地震過後，災區是否需要書？

齋藤先生前往山田高中避難所探望大手喜美女士時，從來沒想過經歷慘痛遭遇的災民們會如此需要「書」的撫慰，讓他直恨自己為什麼沒帶書過去。

一般人想到災民們目前最需要的物資，一定都是食物、飲用水，以及被海嘯沖走的各種民生必需品。書與雜誌這類刊物應該要等生活安定下來，慢慢回到正軌之後，才會開始想要閱讀……長年從事書籍經銷的齋藤先生原本也是這麼想的。

沒想到當他實際走訪災區書店，竟發現有常客在問「可不可以訂書」，看著大手書店社長喜美女士忙著寫訂單的模樣，以及騎著腳踏車四處配送訂閱雜誌（例如圍棋雜誌、茶道雜誌以及HNK教材等等）的桑畑先生，才體會到自己的想法有多天真。

在石卷市金港堂書店工作的阿部利子小姐，回憶起地震後書店重新開幕的情形，如此說道：

「書店重新開幕時，一方面很欣慰能重新開店，另一方面也很擔心會不會沒有客人上門。閱讀算是興趣的一部分，而興趣又是生活困難時大家最先捨棄的項目，所以我一直認為就算書店重新開幕，可能也賣不出一本書。沒想到事情跟我想的完全不一樣！通常大家都會認為災民最需要的就是食物和水，其他東西都可以不管。不過，一看到客人擠滿店內的場景，讓我忍不住感動，原來自己的工作對大家這麼重要。」

不只是阿部小姐，我每次造訪災區書店，無論是三陸沿岸、仙台市或福島縣濱通地區，都能從書店店員的口中聽到「驚喜」、「開心」這類形容詞，他們都跟阿部小姐說同樣的話。

地震後的某一天，《週刊 Post》的責任編輯問我願不願意去災區採訪書店，於是我從二〇一一年五月開始採訪東北地方的災區書店。這些書店老闆儘管受到地震與海嘯影響失去一切，仍堅持將「書」送到顧客手上。身為同樣在紙本刊物領域工作的「同行」，我們更應該記錄下他們的身影，向世人宣揚他們的偉大。我的責任編輯跟我說，他希望能報導災區書店重新奮起的過程，即使是不定期專題也沒關係。

「東日本大地震讓我們深刻體會到，無論我們多想出一本書，還是會受到其他因素影響無法如願，這個世界有其殘酷的一面。」

三一一東日本大地震讓我們再次感受到生活中「理所當然的便利」例如道路、電力、通信、瓦斯與自來水——這些日常生活每天都會用到的基礎建設，在日本各地建立起錯綜複雜的網絡，環環相扣、緊密相連，讓所有日本人的生活更加方便順暢。一旦其中一環斷裂，就會影響大多數人的生活。

街上的超市在一眨眼之間損失了所有商品，即便是繁華的市中心，仍然面臨汽油不足的窘境，外縣市製造的商品突然停止生產……平時看似合理、維持穩定秩序的世界，在退去華麗外表後，才發現內在有多脆弱，根本不堪一擊——這就是這次的地震讓我們體會到的現況。

無論是像責任編輯一樣的雜誌編輯，或是像我一樣的自由作家，地震產生的影響對我們都是相同的。地震切斷了物流網絡，有將近一個月的時間，我們編輯的雜誌無法寄送到災區。再加上石巻市的日本製紙工廠（請參照第一二二頁專欄）與八戶市的三菱製紙工廠也受災慘重，業界一直謠傳即將面臨缺紙危機。無獨有偶的，千葉縣市原市裡生產印刷油墨的工廠也發生火災，印刷油墨工業同業公會還曾公開警告，油墨商品可能供應不及。

在仙台市發行《仙台學》雜誌的荒蝦夷出版社負責人土方正志先生（請參照第五十九頁專欄），受到「地區出版社的責任」使命所驅使，地震後依舊持續出版雜誌。一年之後，他談起過去這段日子的心路歷程時，如此說道：

「這一年我們盡一切努力持續出版書籍，讓我們重新感覺到出版一本書的意義有多重大。紙本書並非順理成章就能完成，這之中有太多不合理的挑戰，正因如此，才需要這麼多人共同合作。即便面臨地震帶來的混亂，只要業界人士互相溝通、彼此協助，就是做好一本書的原因之一。」

在共同合作之下印製出幾千、幾萬甚至是幾十萬本的書，最後進入書店，陳列在架上，直到這一刻「書籍才有意義」。因為書店是一般人接觸書籍的場所之一，我最感興趣的是，書店的工作人員對這場地震有什麼看法？他們做了哪些努力？此外，如果書是日常生活的必需品，災區書店又會有什麼樣的光景？

我懷抱著這樣的想法前往三陸沿岸與福島縣，造訪幾家書店，展開這本《重生的書店》的採訪工作。

齋藤先生從災區回到東京，大約過了一個半月之後，我也踏出了我的災區採訪之旅。

「你想毀掉還活著的書店嗎？」

店面後方，空地的一角堆了好幾個紙箱，裡面都是要退給經銷商的庫存書。旁邊是一間格局狹長的辦公室，辦公圓椅上放著一杯咖啡，熱騰騰的蒸氣不斷從杯裡冒出來。我來到岩手縣大船渡市、開設於國道四十五號上的「BOOKPORT NEGISHI」猪川店，與社長千葉聖子小姐會面。相對於明亮

BOOKPORT
NEGISHI

到有點眩目的店內，辦公室顯得有些陰暗，她娓娓道出心裡真正的想法：

「我當時說了一句重話。在遭到海嘯侵襲的幾天後，有四到五天的時間完全沒有新商品進來。明明貨車還能開到我們的店，卻因為東販的物流系統一團混亂，導致我們完全無法進貨。於是我立刻拿起電話，劈頭就罵窗口：『你想毀掉還活著的書店嗎？』」

BOOKPORT NEGISHI在岩手縣內共有三家店，三月十一日發生大地震之後，猪川店是三陸沿岸最早恢復營業的書店之一。

當時大船渡市總共有四家主要書店，其中三家都遭到海嘯侵襲，就連身為BOOKPORT NEGISHI總店的地之森店也損失了幾千萬日圓的商品，因此猪川店立刻成為新的「總店」，原本在地之森店工作的員工也全部調到猪川店。

由於猪川店是大船渡市唯一倖存下來的書店，每天都有大量顧客上門，卻遇到無法進貨的危機，正因如此，她才會對東販窗口說：「你想毀掉還活著的書店嗎？」

「地震之後災區完全沒有任何物資，所以店內很多商品都賣得很好。其中災民最需要的就是童書與漫畫，小朋友們可以在避難所閱讀，打發時間。

千葉聖子社長

不只是當地居民，還有很多顧客從釜石、汽仙沼、陸前高田開車過來。諸如《寶島少年》、《新少年快報》這類漫畫週刊根本供不應求。」

偏偏地震後經銷商遲遲不決定物流的配送方針，使得災區書店一直進不到新書。原本貨運公司的貨車都是早上送貨，等了一整天卻不見蹤影，也因為遲遲進不到新貨，導致陳列架與書櫃到處都是空的。

當時東北高速公路除了緊急救援車輛之外，其他車輛禁止通行。即使開放通車，沿海道路也布滿瓦礫，完全無法通行。

如果不走海線，其實也可以從內陸進入大船渡市，不過經銷商無法確定災區書店的受災情形，因此一直無法重新建構新的送貨路線。

再加上經銷商之間原本就有「共同配送」的協議，同一天配送的商品都會由同一輛貨車運送至各書店。因此大家必須共同討論出送貨至災區的配送計畫，關於這一點，東販內部也還在討論之中。

儘管了解這個現況，千葉小姐還是必須與窗口溝通，希望能早一天拿到新的書籍與雜誌。

人類對於資訊與文字的需求相當強烈，拚死也想吸收新知。電腦連不上網路，電力也還沒恢復，在這樣的狀況下不能一直使用手機上網。災區居民為了吸收新知不斷湧入書店，千葉小姐不僅感受到自己肩上的使命，也亟欲重建遭受重創的書店。這就是她的立場。

「地震將所有商品全部震落地面，猪川店一片狼藉。我們立刻招集所有可以來的員工，他們有的騎腳踏車、有的走路過來，大家一起整理店面。分出摔壞的和還能賣的商品，好不容易趕在十五日恢復營業。地震發生在三月十一日，當時我們已經進好新學期的輔助教材，以及一年級新生使用的教材，還有幾十台全新的電子辭典。我們一心只想彌補地之森店的損失，用盡一切辦法早日開門做生意。」

不只是災民們想要購買可以在避難所閱讀的書籍與雜誌，還有許多從其他城鎮開車過來的顧客……千葉小姐為了重振從父親那一代經營至今的書店，她「現在能做的事情」就是只要顧客走進店裡，她就要努力賣書。她也是受災戶之一，卻拚盡全力維持「書店」的營運。

我眼睜睜地看著海嘯吞噬商店

話說回來，BOOKPORT NEGISHI 地之森總店是如何遭受到海嘯的侵襲？

時間回溯到三月十一日下午兩點四十六分──

東北地方陷入強烈搖晃時，千葉小姐正好結束一關市的工作，在開車返回大船渡市的途中。

當天內陸地區從下午開始下雪，她經過地面稍微積雪的國道四十五號，進入國道二八四號，往大船渡市的方向行駛。從國道二八四號下氣仙沼市，再開進國道四十五號往北走，經過陸前高田市後，就能抵達位於大船渡市立根町的猪川店。從猪川店往港口方向走，來到市區附近，就是地之森總店的所在地。

地震發生時千葉小姐還在內陸地區，朝沿海方向走。剛開始她以為是「輪胎爆胎了」。奇怪的是，就連旁邊的車都停了下來，此時她才發現原來發生了強烈地震。

「不過，當時我完全不知道發布了海嘯警報。等地震停下來之後，我又繼續朝沿海方向開。那個時候我還想先繞到氣仙沼市的購物中心，幫女兒買畢業典禮要穿的禮服。」

就在她從氣仙沼市的馬路進入國道四十五號的外環道，往陸前高田方向行駛時，她在外環道上親眼目睹海嘯形成的那一刻。

「我看見海岸線上有一條白色浪花滾滾而來，接著逐漸形成一條水柱。我下了車，呆呆望著那條水柱。停在後方的貨車司機也下了車跟我說：『這位太太，那是海嘯對吧……。』

由於海嘯侵襲，國道四十五號完全無法通行，我開上貨車司機告訴我的山路，打算繞遠路返回大船渡，可惜現在是冬季，山路封鎖不能走。在迫不得已的情形下，只好繞更遠的路回家。路上到處都是落石，開起來真的很恐怖，費盡千辛萬苦才在晚上九點多回到大船渡。」

她一踏進家門就看見父母在哭。

她很擔心地之森總店的員工，不曉得大家是否平安無事？

在回家途中親眼目睹的海嘯相當壯觀，高度比她想像中還高。

國道四十五號與三陸縱貫道路沿著山地而行，大船渡市的市中心就在山下，市區裡還有JR鐵路和縣道二三〇號，與流入大船渡灣的盛川平行。她的店就在港口工業區旁的運河沿岸，絕對逃不過海嘯的侵襲。

幸運的是，在地之森店工作的三名員工全部平安無事。

海嘯發生後，位於國道旁的公共設施「Rias Hall」變成避難所，其中一名店員高橋葉子小姐就在那裡避難，她是親眼看見海嘯吞噬地之森店的目擊者之一。

高橋小姐回憶起當天的情形：「那天天氣相當好，跟平時沒有兩樣。店長開著小車去送書，我上班上到傍晚。再過一會兒就要（下午）三點，我還在想差不多該休息一下了。我跟另外兩名同事正在櫃檯工作，當時前兩天不是有一場大地震嗎？後來又發生了幾次餘震，我們還在說好不容易平靜下來了，沒想到下一秒就開始強烈搖晃，我們趕緊疏散客人，到外面避難。

由於地震維持了好長一段時間，我覺得待會一定會有海嘯，於是決定去避難，回到店裡拿東西，發現所有商品散落一地……當時我已經嚇到不知所措，想出去卻忘記該推門還是拉門。」

高橋小姐拿出收銀機裡面的錢，交給剛好回來的鈴木真店長，確定所有顧客都開車避難去了之後，就往書店對面、位於高處的幼稚園走去。那裡早已聚集同樣來避難的居民，所有人屏氣凝神，靜靜地望著大船渡港的方向。還有幾名離鄉背井到港口工廠工作的中國女性，也一臉不安地注意事態發展。

湛藍的大海距離我們大約一公里，看起來好小好小。

街頭一片靜謐，沒有人也沒有車。後來看見一個騎著腳踏車的男人經過無人的街道，逐漸消失無蹤。

高橋小姐自從五年前回到故鄉大船渡市生活之後就進入BOOKPORT NEGISHI工作，並在兩年前從其他分店調到地之森店。她望著自己工作的書店，那是她最愛的工作環境。

她很喜歡書店店員這份工作，從小就喜歡看書，最崇拜小川洋子與川上弘美等女性作家，其中最喜歡向田邦子的作品，只要有空時就會重複看好幾遍。

BOOKPORT NEGISHI是大船渡市擁有最多文藝書籍的書店，高橋小姐在還沒進來工作時，就已經是這裡的常客。再加上BOOKPORT NEGISHI很注重顧客需求，只要是暢銷書與漫畫，到這裡絕對都買得到，因此平時就是各個年齡層的顧客都會來逛的書店。每次經銷商寄來最新一期的雜誌，或是自己喜歡的作家新書，她總是第一個經手的人。從紙箱裡拿出還帶有油墨與紙張香氣的紙本刊物，不禁感受到書店店員這份工作的成就感與喜悅之情。

就在此時，在她身旁一起觀察大海動靜的避難民眾開口說道：「遠方開始出現白色波浪了……」

話剛說完就看見很遠的地方開始出現海浪，當時她還認為「看起來並不嚴重」，沒想到轉頭看向盛川，只見倒灌的海水讓水位瞬間上升。

還來不及做反應，只能呆呆望著上升的水位越過堤防，無聲地朝書店而來。不一會兒，海嘯從東邊市區襲捲而來，與溢出堤防的河水合而為一，開始吞噬書店。

「當時我只覺得太恐怖了，完全無法思考，腦中一片空白。那是我絕對不想目睹的慘劇……看見書店完全被水淹沒的那一刻，我真的感到很痛苦，無法再看下去。後來消防員要我們再往上逃，還來不及看海嘯退去，我就往高處避難去了。」

謝函範例大全的熱賣原因

地震發生兩天後，三月十三日千葉聖子小姐終於見到了之前在 Rias Hall

避難的高橋小姐。

前一天，也就是三月十二日，高橋小姐拜託避難所認識的朋友載她一程，途經三陸高速公路（三陸自動車道）抵達老家附近。隔天便前往猪川店。在大門貼上告知自己平安無事的紙條後，去附近採購食物，碰巧在路上遇見千葉小姐。

當時千葉小姐已經下定決心，一定要讓猪川店儘快恢復營業。

踏進店內只見商品散落一地，完全沒有地方可站。她們兩人將大部分商品放回架上，再用從避難所拿來的水清掃店裡。接下來只要等電力恢復，應該就能重新營業……。

儘管如此，現在還不能確定經銷商是否能配送最新一期的雜誌與書籍，這是攸關猪川店能否恢復儘早營業的重大課題。手機完全不通，無法聯絡東販與貨運公司。雖然以目前狀況開店不成問題，但千葉小姐認為，如果無法進貨，開店就沒有任何意義。

為了探望一個人住的女兒，千葉小姐在十四日暫時放下整理書店的工作，前往盛岡市。不經意地看了一眼手機，竟然發現手機有訊號了！原本不知該如何解決的難題，突然間找到了答案。

「我一看手機有訊號，立刻寫簡訊給東販、分店負責人以及朋友，告訴大家我們平安無事。看過女兒之後，我打電話到盛岡 Sansa 店（位於購物中心的 BOOKPORT NEGISHI 店內店），交代他們用猪川店的 ＩＤ 訂購大量書籍。由於 Sansa 店的店長以前曾在猪川店任職過，因此我跟他說：『我這裡電話不通，一切都交給你了。』」

跟東販等相關業者聯絡過後，千葉小姐知道之前猪川店與地之森店訂購的商品，已被送到仙台市若林區的貨運公司「武藏貨物」的倉庫暫時存放。不過，由於三陸沿岸的受災情形仍不明朗，貨運公司就算想出貨，也沒辦法派貨車配送。

「我跟貨運公司說，既然書已經送到了，我們訂購的商品請全部送過來，包括地之森店因推銷業務而訂的書，或是要在店裡販售的雜誌，也全部送到猪川店來。」

十五日猪川店重新開幕時，負責送貨的武藏貨物司機如此說道：

「我們的工作就是送書，說什麼我都要完成使命。不過，我們原本在三陸沿岸地區有四十家左右的書店，現在進貨的書店不到十家。由於災區無法對外聯絡，我相信千葉小姐一定很擔心今天收不到貨，因此我們送書

海嘯過後，完全看不出 BOOKPORT NEGISHI 地之森店曾經在這裡的痕跡。

來的時候，她真的很開心。以前都是早上五點到六點會送書到BOOKPORT NEGISHI，但重新開幕那天我們遲到了七個小時，過了中午才送到，她一定很緊張。」

猪川店重新開幕的那一天，店裡湧進了許多顧客。

「你都不知道當我看到書來的時候有多開心，我還忍不住大叫：『貨車來了！書來了！』」直到現在她還是相當興奮，比手畫腳地說起當時的情形。

歷經千辛萬苦終於補到貨，從三月中最暢銷的書籍與雜誌類型裡，不難看出當時的災區現況。

包括緊急出刊的《朝日畫報》雜誌、八卦週刊《FRIDAY》與《FOCUS》，以及報導震災特集的所有週刊雜誌瞬間銷售一空。暢銷書則包括《謝函與明信片書寫範例大全》、《感動人心的「追悼詞」》、《一千日圓蓋我家》與益智遊戲雜誌。此外，智慧型手機詳解書、平放在桌上的住宅情報誌《月刊House》以及二手車情報誌《Goo》，一上架很快就賣完了。

「許多想要購買謝函範例大全的顧客，都會問店裡還有沒有信封、信紙，他們大多是有收到慰問金或接受幫助的災民。」

此外，還有很多顧客會一次買四到五本報導震災特集的雜誌。

「幾乎所有客人都會買週刊雜誌，有的人是各種週刊都買一本，有的人則是同一本週刊一次買五本，可能是幫那些在同一個避難所避難，卻沒有車可以開的其他災民買的吧。那些報導震災特集的雜誌，每本都能賣出四百本以上，真的是供不應求。」

還有另一項商品也賣得比平時好，那就是地圖。各個災區都有災民跑到不熟的地區避難，還有到災區救災的自衛隊、相關業者與非營利組織的義工，這些人都需要災區附近的詳細地圖，也連帶提升了銷售量。

相對於各式書籍迅速消失的速度，補貨的速度卻遲遲跟不上腳步，讓千葉小姐不得不拚命催促經銷窗口趕快送書過來。

揹著背包的支援行列

面對千葉小姐再三催促出貨的要求，負責 BOOKPORT NEGISHI 經銷業務的東販窗口也無法袖手旁觀。位於仙台市若林區的東販東部營業部部長石川二三久先生，對於災後的配送狀況做了以下的描述：

「無法寄送新書與雜誌雖然是一大問題，但大船渡地區還有另一個重大課題，那就是POS系統（電腦銷售點管理系統，是連鎖企業必備的門市管理銷售系統）的銷售資料無法讀取。通常我們都以POS系統的資料為依據列出暢銷商品，再決定要配送哪些書到各個書店去。但這次的大地震震垮了災區基地台，電話系統失靈，因此無法使用POS系統的功能。」

石川部長不斷接到千葉小姐的電話，於是他決定由東北分公司營業部的員工直接將書送進大船渡市。既然POS系統不能使用，就改用「手持式終端機」掃描裝置，利用人海戰術整理出完整的書店庫存明細。只要善用人工作業掌握庫存狀況，再對照受災前的資料，就能統整出全部的銷售商品。如此一來，即可從東京倉庫配送商品。

三月二十八日，石川部長率領部下開了三個小時的車抵達猪川店，這是他們第一次親自造訪該店。車子才剛停下，就看見千葉小姐跑出來迎接他們。

書店裡擠滿顧客，熱鬧的氣氛分不清是天氣熱還是人的活力所致，也讓經營者感受到前所未有的急迫感。千葉小姐從店裡飛奔而出，拜託石川部長：「你看看書店的情形，我現在真的很需要書。」讓他再次體會到自己的工作責任有多重大，配送書籍不再只是單純的工作，而是具有深層意義。

那天之後石川部長動員了東販東北分公司的四到五名員工，幾度往返單趟車程就要三個小時的猪川店，將店裡的書櫃填滿。

「我要員工不要去想細微末節的事情，利用掃描裝置讀取店內所有庫存，詳列之前的資料裡有、現在卻沒有的書籍明細，再找出賣得最好的商品。最後再根據這份資料，向東京倉庫訂貨。

我想起三月二十二日，在仙台市最早恢復營業的大型書店『丸善書店』親眼目睹的光景。當時整個市區都沒有任何餐廳營業，許多人走上街採買食物，超市裡大排長龍。

即使生活如此艱困，丸善書店依舊擠滿了揹著背包的顧客。那些為了維持生活而去超市排隊並採買食物與水的人，也同樣到書店排隊，尋求心靈慰藉。我也是出版品銷售業界的一分子，這樣的情景真是讓我深深感動。在BOOKPORT NEGISHI 看到的盛況也跟當時一樣，讓我久久無法忘懷。」

據說地震過後，猪川店創下了接近平時兩倍的營業額。

幾天後，千葉小姐向走路或騎腳踏車來上班的員工，說明了地之森店的受災情形。

「我希望在接下來的四年裡，猪川店每年的營業額可以成長五成，以彌補地之森店因海嘯所造成的損失。這是我們必須面對的現實狀況，希望大家可以一起努力。」

她已經下定決心，要在遭到海嘯無情侵襲的大船渡市繼續經營書店，而且要盡全力完成這個目標，不去管別人怎麼想。不只是書店，現在大船渡市就連超商等有賣雜誌的店家都被海嘯沖毀，倖存下來的猪川店可說是鎮上唯一看得到「書」的最後堡壘。

接下來該怎麼做才能達成目標——自從引頸期盼貨車送書來，一看到貨車就衝出去迎接的那一天之後，千葉小姐以更認真的態度，努力思考書店的未來。

店裡積了二十公分厚的污泥

BOOKPORT NEGISHI在大船渡市共有兩家分店，猪川店很幸運地並未受到海嘯侵襲，於是BOOKPORT NEGISHI便以猪川店作為據點，於地震發生四天後恢復營業。相對於此，遭到海嘯侵襲而淹水的書店，必須清除所有浸濕的商品，打掃完店面之後，才能重新營業。正因如此，恢復原狀需要花上超過一個月的時間。位於宮城縣石卷市的金港堂石卷店就是其中之一。

該店遭到海嘯侵襲之後，店長武田良彥先生要求所有員工，第一步就是要搶救淹水的教科書。看到他們全體動員搶救教科書的模樣，不難體會到對於地區書店而言，以學校為銷售對象的教科書與輔助教材有多重要。

金港堂在宮城縣內總共有四家分店，石卷店位於三陸高速公路石卷河南交流道東邊一點五公里處。這條縣道上有許多郊外型商店、加油站以及汽車經銷商，石卷店旁還有一個很大的停車場。停車場裡的柏油路面四處龜裂，由於此時距離海嘯來襲已經超過兩個月，因此乾掉的泥土將地面染成淡淡的土黃色。

在石卷店工作超過二十年，負責學校與公家機關書籍銷售業務的阿部利子女士，回想起從避難的國中回到店裡探望的情形。

「整個停車場都是污泥，很難行走，探頭看向店內，只見掉落在地上的書也沾滿泥巴。玻璃上都是水滴痕跡，剛看到這個情景時，我心想這樣絕對無法恢復原狀。」

金港堂石卷店

金港堂石卷店負責石卷市內各級學校的教科書與輔助教材銷售業務，每年都要到好幾個學校推銷商品。三月中正好是著手準備的時期，店內倉庫存放著大批依照各學校分類統整好的教科書。與阿部女士同樣在店裡工作超過二十年的會計志摩洋子女士也這麼說：

「那時候我們正準備迎接一整年最忙碌的時期，以前石卷店還在立町的時候，一到午休時間在銀行與商店工作的上班族和店員就會到我們店裡來逛逛。從那個時候開始，我們就有販售學校教科書，許多高中生與國中生都會遠道而來，剛入學的新生也會跟著媽媽一起來買字典。即使搬遷到現在的地方，還是保留著當時的氣氛。為了迎接最忙碌的一個月，我們還額外雇用兼職人員，整個店內像往常一樣充滿幹勁，沒想到就在這個時候遇到地震。」

倉庫裡堆滿兼職人員花了好幾天才整理好的教科書，海嘯侵襲過後無一倖免，全部倒落在地上。店員趕緊打電話聯絡總公司，社長要求他們「立刻關店去避難」。原本三月十一日休假的店長武田良彥先生也趕到店裡查看狀況，不過一看到現狀他也無能為力，所有人只好依依不捨地離開書店，各自避難。

阿部女士開車載沒有駕照的同事志摩小姐順道回家，車子從店門口開上

地震後被海嘯淹沒的金港堂石卷店。

石卷市的道路往東走，這條路的前方會遇到舊北上川，不過當時車內沒有打開廣播，所以她們並不知道此時海嘯已經抵達沿海地區。

當她們慢慢行駛在塞車的縣道上，才發現前方路面已經淹水。

阿部女士心想：該不會是水管破裂吧……？沒想到水愈來愈多，路面已經形成一條淺淺的河流。她很想掉頭回去，可是塞車情況愈來愈嚴重，無法迴轉。於是她決定將車停在比馬路還高的拉麵店停車場，靜觀其變。

下午開始下的雪愈下愈大，天色慢慢暗了下來，氣溫也開始下降。一群烏鴉發出前所未有的淒厲叫聲，令人不禁感到毛骨悚然。

「當時沿海一帶都遭到海嘯侵襲，大約晚上七點海水淹到我的車附近。接著水愈來愈多，坐在後座的志摩還說她的鞋子漂在水上。我趕緊坐到副駕駛座，沒想到水一直淹到我這裡來，而且水位不斷上升……。」

停在其他停車場的車燈還亮著，不過駕駛早就跑到其他地方避難，四周只有她們兩人還坐在車子裡。

她們想要打開車門逃難，卻因為水壓而打不開。

正當兩人不知道該怎麼辦的時候，坐在後座的志摩女士從窗邊看到一個身穿雨衣的男子正涉水而來。那名男子拿起手電筒檢查每輛車裡還有沒有人，慢慢朝她們這裡走過來。

志摩女士不斷拍打後車門大叫：「救命啊！我們在這裡！」男子聽見了她的求救聲，來到她們的車子旁邊。於是男子在車外用力拉，她們在車內用力推，好不容易才打開車門。

平安救出她們之後，男子大聲斥責：「沒看到海嘯來嗎？還在這裡做什麼？會沒命的！」

此時天色已經完全暗了下來，雪也愈下愈大。

她們一下車才發現水已經淹到胸口，志摩女士在水裡划動雙手往前走，在車內脫下來的鞋子早已消失無蹤。走到一半時，跟在後面的阿部女士突然被水流絆住腳，差點溺水，幸虧男子在千鈞一髮之際將她拉起來。

「加油，還差一點就到了，不要放棄！」

男子鼓勵的話言猶在耳，她們繼續往前走，抵達附近高地的住吉國中體育館時，兩人全身上下都濕透了。當天晚上，全身都是污泥的兩人背靠著背，不斷摩擦雙手與雙腳保暖，就這麼度過了一晚。

三天後，她們再度重回金港堂書店。由於回家的方向還在淹水，因此她們只能沿著舊北上川的堤防走到店裡。

「當時我們唯一能去的地方就是公司，我們心想若是能回到金港堂，說不定可以聯絡上同事，所以一路往前走。」

兩人用盡氣力終於抵達石卷店，只見停車場一片泥濘，書店還上著鎖，悽慘荒涼的狀況令人不忍卒睹。志摩女士沒有查看店裡狀況，地震發生時她親眼目睹書本掉落滿地的模樣，所以現在裡面是什麼景象她早已心裡有數。

玻璃門上還貼著地震當天休假的武田店長寫的字條，要大家在這張紙上報平安。於是她們兩人就在旁邊寫上自己平安的消息，這時候剛好遇見前來查看情形的男性兼職人員。後來由他開車走山路，將兩人送回家。

「不管發生什麼事都要保住教科書……」

我第一次造訪受災後的石卷店時，店長武田良彥先生哽咽地說：「我萬萬沒想到這裡會受到海嘯侵襲……。」

海嘯侵襲後的第二天，也就是三月十二日，武田先生回到店裡查看情形。當時阿部小姐還在住吉國中避難。

以舊北上川為起點、寬度不算寬的貞山運河，與途經店旁的國道四十五號平行。因倒灌而溢出堤防的運河裡淹沒了好幾輛車，還能看到許多瓦礫在黑色水面載浮載沉。襲捲停車場的海水浮力，也在柏油路面留下了斑駁痕跡。大量書籍散落在店裡的地板上，還積了二十公分高的污泥。店內散發著污泥的惡臭味，就連書櫃上沒被地震震落的書也染上了臭味與濕氣，就算進行消毒，也不知道是否還能販賣。

最重要的是，他很擔心員工的安危，於是便在員工進出的側門貼了一張紙，希望員工能在紙上報平安。

「地震剛發生時我們的生活相當刻苦，光是想著如何活下來就費盡一切心力，根本不是思考書店未來的時候。我家在地震中半毀，受災情形不算嚴重，但後來詢問之後才知道，有些員工失去了自己的家，只能慶幸自己還活著。所以我才在紙條上寫著：能來店裡的人請務必到店裡來。」

——看到他留的紙條後，員工紛紛回到書店。在地震過後十天，也就是二十一日早上開始清掃店內。

當時武田店長最擔心的是，預計配送到石卷市內十七個中小學的教科書。原本放在二樓倉庫的教科書全部掉落在地上，這些教科書只要重新整理過就好。不過，一樓還放著六個國中與兩個高中一年級使用的教科書，這些教科書都被海水淹沒了。

從現況來看還無法確定書店是否可以恢復營業，唯有教科書，他希望能全部搶救回來，讓每個學生都有書可以用。

在那個時間點學校也尚未確定能否在四月如期開學，不過，三到四月的教科書販售業務，是石卷店很重要的收入來源。由於石卷店也是教科書經銷店，身為店長最重要的職責之一，就是在開學日前將教科書送到所有學童與學生手中。

「最讓我感到遺憾的是，有一部分的教科書泡到海水，我認為教育是國家的基礎，不管發生什麼事都要保住教科書……我當時一直這麼想。」

光是小學就要兩萬三千本書左右——就算書店無法恢復營業，也希望能將教科書送到孩子們的手上。在確認員工安全無恙後，武田店長唯一的掛念就是這件事。

武田店長在二〇一二年九月邁入花甲之年，從二十歲就進入金港堂，換句話說，他已經在金港堂工作了四十年。

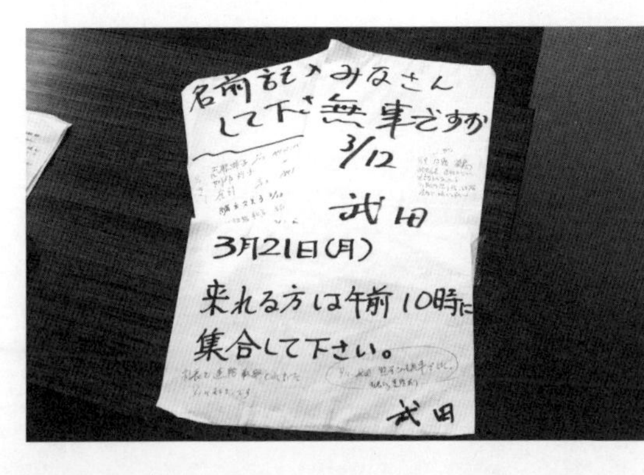

玻璃門上貼著請大家報平安的字條。

他回想起自己年輕的時候，當時金港堂在立町商店街上，店內空間大約有五十坪。而且店面就在ＪＲ仙台線的石卷車站與市公所附近，午休時間會有許多顧客走路來逛。店裡陳列著週刊雜誌、漫畫、新書、參考書與專業書籍，種類相當豐富。

金港堂是武田店長的第一份工作，在每天與書共處的過程中，他慢慢愛上「販售書籍」的工作。

「雖然我們店很小，當時也沒有網路與手機，無論是只看漫畫的人，或是需要醫學書籍的醫生，都會到金港堂買書。其實現在也是一樣，金港堂販售的書籍種類比以前更充實了，所以我一直覺得我們的書店是能滿足所有人需求的資訊發送地。」

武田店長隸屬於直銷事業部，主要的工作內容就是開著車四處拜訪鎮上的學校、公家機關與醫院。通常一般外人造訪這些地方都要在櫃檯簽名，辦理入館手續。不過，負責寄送定期訂閱雜誌的業務員，只要在胸口別上名牌，即使去公家機關也能自由進出，算是少數可以憑著「一張臉」打通關的業者之一。

批發高價的專業書籍，再將其配送到需要的地方去。縱使是對大多數人毫無意義的一本書，對某個人而言，也具有如寶石般的珍貴價值。像石卷這樣的地方鄉鎮，書籍的意義更加重大。

每次看到自己批發或調配的書籍在不同人的手中流轉，更讓武田店長深切感受到書店在城鎮中扮演的角色。將教科書送到各個學校裡，不僅是書店收入的重要來源，也是書店店員最重要的工作，可以從中感受到最深刻的成就感。

這就是為什麼當他發現部分教科書被海水淹沒時，會感到那麼遺憾與不甘的原因。

不抱希望地打開店門，迎面而來的是一股刺鼻的爛泥惡臭，地板也堆滿了發黑的商品。店員們陸續將吸飽水分而變重的大量書籍搬到戶外曬太陽，但沒有人知道這些書什麼時候才能曬乾。

就從挖泥開始清理

「無論如何我都要將教科書送到學校去。」這是武田店長最深切的想法，也是重建石卷店第一件要做的事情。

「從二十一日開始，我將員工分成兩組，一組負責清除店內污泥，另一組整理教科書，做好所有事前準備。將剩下還能用的教科書搬上二樓，分門別類裝箱歸納。四月份的時候發生過六級餘震，好不容易整理好的書又掉了下來，我們還是不氣餒，捲起袖子繼續整理。總之就是拚了命要將教科書配送出去。」

地震過後，所有員工首次在二十一日齊聚店裡。

武田店長對著全體員工說：「我知道現在大家家裡都不好過，可是我們一定要在期限內將教科書送到孩子們手上，所以能來的人就來幫忙，為了未來能重新開店，我們要先將教科書整理好送出去。」

志摩女士告訴我：「我們所有人都穿上橡膠靴，開始挖除污泥。接著再將被海水淹過的書拿到戶外曬乾。這些書雖然都濕了，但還是要拿給出版社的人，當成受災商品處理報銷，於是我們就將書堆在停車場，再用藍色塑膠布蓋起來。於此同時，我們還重新整理教科書。

那段期間我們每天不只要整理家園，還要清掃公司環境。雖然店長說能來的人來就好，但幾乎所有人都是半天在家、半天來店裡打掃，其中有些員工連家都沒了……。後來汽油用完了，大家還漏夜去排隊購買。每個人心

武田良彥店長

中只有一個想法：無論如何我們都要完成這件事，我們唯一能做的就是付諸行動，在期限內出貨。」

在那之後，石卷店的員工們幾乎有一個月的時間，每天在自家與書店之間來回奔波，默默地做好準備，讓書店恢復營業。

自來水、瓦斯與電力等基礎建設都還沒恢復，最令大家頭痛的就是飲用水的問題。白天待在店裡清掃，一定會錯過避難所的供水時間，所以員工們都帶著空寶特瓶在身上，在店裡裝滿水之後，再帶著沉重的水回家。

受災清況較輕微的員工會在家裡做好飯糰帶來，之前經銷商「日販」的業務窗口到這裡查看情況時也送了不少救援物資過來，所以午餐就吃員工自己做的飯糰，或是日販窗口送來的泡麵。

武田店長率領著直銷事業部的員工，不僅持續清掃店面，還抽空到鎮上拜訪客戶。由於這個時候電話還沒搶通，為了確認各個學校的受災狀況，他們直接前往之前訂購教科書的各級學校，試圖與學校窗口取得聯繫。有些學校還不清楚何時才能修復校舍或開學復課，也有窗口明白表示：「就算你現在送書過來，我也不知道要將那些教科書放在哪裡。」現階段完全無能為力。

事實上，不只是新學期教科書的問題有待解決，遇到因海嘯侵襲而損失既有教材的學校，教科書經銷店也必須負起義務，免費提供新品，例如國中生在三年就學期間都會用到的地圖集就是其中之一。武田店長每天都要安排人手去加油站漏夜排隊買汽油，白天開車前往學校，一間間詢問現在是否可以出貨，接著再準備要送到各個學校的教科書。

每天重複著不知何時才能結束的繁重工作，需要極大的耐心與毅力。就在這個時候，鎮上居民紛紛過來詢問書店何時才能重新開張，他們的殷切期盼成為書店店員堅持下去的最大動力。

當時阿部女士負責在二樓辦公室接電話，她回憶起當時情形，這麼對我說：

「那個時候地震前訂購的書都退回出版社了，所以我們必須再列一張清單重新訂購。只要有車，直銷事業部就能持續工作，我們希望能趕上出貨日，盡量不要拖延。

自從電話通了之後，開始有客人打電話來問我們何時恢復營業，甚至還有人說：『如果還需要很多時間清理，我可以去店裡幫忙。』我真的很感謝他們。他們說現在已經有義工來幫助他們重振生活，所以也希望書店能早日恢復營業。聽到客人的鼓勵，也讓我們覺得一定要好好努力才行。」

齊心協力重建地方

金港堂石卷店受災後的第一個月就這麼度過了。

向該店採購教科書的各級中小學校，也在四月二十一日舉辦了開學與新生入學典禮。多達數萬本的教科書在隔天，也就是二十二日全部出貨完畢，所有學生都拿到了新學期的教科書。

工作時總是一絲不苟的武田店長，在報告這個好消息時，難得地露出了淺淺的微笑。

「所有員工的士氣都很高昂，他們每個人都是受災戶，卻發揮潛力完成了前所未有的繁重工作。我不想再對他們說『繼續努力』，可是——」他又接著說：「我也想不出該對他們說什麼。他們已經做到了極限，但除了激勵他們，我也想不出更適合的話來。他們真的表現得很好，我很欣慰。」

四月二十七日，順利出完教科書的五天後，石卷店以一樓四分之一的空間重新營業。賣場陳列著雜誌、文庫本、漫畫、字典與參考書，旁邊還堆放著高中教科書。

「大多數店裡原有的書都無法上架，我希望至少能賣雜誌與新書，即使是現在，我們也無法完全滿足顧客的需求。恢復營業之後，許多客人都來問有沒有考證照用的專業書籍與參考書，由於證照考試都已經公布考試日期，對考生來說真的是迫切需要，我們無法準備周全也覺得很遺憾。接下來我希望能進這類書籍，備齊所有類別，讓所有顧客都能找到他們需要的書。」

現階段他們要做的就是按部就班做好眼前的工作，讓架上隨時都有書可以賣。海嘯造成的災害損失過於龐大，街頭仍瀰漫著一股哀戚的情緒，現在要談「重建」還不是時候。

正因如此，武田店長才會心心念念著想要購買報導災區現況的雜誌，想在字裡行間看到自己居住的小村莊與城鎮的最新消息，以及那些認真研讀報章雜誌的讀者。

「書店恢復營業之後，許多客人都跟我說，看到這麼多人受災，每天過得這麼痛苦，這些報導可以提醒自己，其他地方還有很多跟自己有著相同境遇的人。於是，他們也開始轉念，知道不是只有自己受苦，想跟大家一起，齊心協力重建地方。聽到他們這麼說——」武田店長沉吟了一會兒，接著說：「讓我再次體會到紙本書與雜誌的存在有多大意義。」

地區書店恢復營業的消息，對於許多亟欲振興地方的人來說，雖然只是一小步，卻是最切切實實的一步。至少武田店長如此堅信，並勤勤懇懇地完成眼前的每一份工作。

「地區出版社的使命」

荒蝦夷代表・土方正志先生

在仙台市發行《仙台學》雜誌至今已十多年，儘管荒蝦夷出版社代表土方正志先生與其員工都是東日本大地震的受災戶，他們依舊堅守崗位，在地震過後持續出刊。以東日本大地震特別號之姿出刊的《仙台學》十一期中，土方先生特別邀請出身自東北地方的作家，「從受災地區的觀點」向全日本發聲。這一期也在二〇一二年一月，榮獲在業界聞名遐邇的第八屆梓會新聞社學藝文化獎。

「當時我一心只想出書，一定要讓書店架上陳列著地區出版社出刊的最新雜誌。我不能讓災區恢復營業的書店中，架上只有東京出版社的新書，卻連一本當地出版社的作品都沒有，這是身為仙台出版社當仁不讓、捨我其誰的堅定意志。」

土方先生過去曾在東京擔任記者，採訪過一九九五年阪神大地震、一九九一年雲仙普賢岳火山爆發，以及一九九三年因北海道西南海域發生地震引發的奧尻島海嘯等天災現場，在第一線衝鋒陷陣。十三年前，土方先生的多年好友民俗學者赤坂憲雄先生出版《東北學》創刊號時，特別邀請土方先生共襄盛舉，因此成立了荒蝦夷出版社。從此之後，荒蝦夷陸續出版了包括《東北學別冊》在內，與挖掘鄉土歷史有關的諸多書籍，並策劃許多活動。其中尤以《仙台學》最受矚目，網羅了東北出身的知名作家群執筆，可說是以仙台市為據點的出版社中，最成功的綜合性雜誌。

地震發生後，土方先生四處探訪宮城縣內災區並表示：「以前因為採訪的關係到過許多鄉鎮，這些地方都遭到海嘯侵襲，過去照顧過我的居民也成為受災戶。看到這樣的景像，我真的感到很悲憤，久久無法自拔。」

當他走在受災的氣仙沼市，站在嚴重受創的港口岸邊，不禁想起以前和朋友一邊喝酒，一邊在此漫步欣賞的夜景。還記得那是個夏季夜晚，涼風吹拂，舒適宜人。港口路燈映照在海面上，隨著海浪搖曳，散發出一股迷濛氣息。

「那時我才真正了解到，『失去』原來是這麼一回事，原來是這種心情。過去我是一名採訪者，奔走天災現場四處採訪，當時的我完全不了解

『記憶中的風景消失了』、『那間曾經去過的店沒有了』到底是怎麼一回事。應該在那裡的事物如今已面目全非，這種失落感真的令人難受⋯⋯。於是我做了個決定，我要透過雜誌告訴大家這種感覺。」

在以東日本大地震命名的《仙台學 vol.11》中，土方先生特別邀請與東北地方淵源頗深的知名人士寫稿。他認為對於如今生活一團混亂、還無法消化各種情緒的災區讀者而言，同鄉說的「話」絕對能成為災民的心靈支柱。從四月底要出刊的雜誌往前推算製作期，只剩下兩週左右的時間，於是他趕緊與雜誌總編輯千葉由香小姐，一起聯絡出身或住在東北地方的作家與學者，包括赤坂憲雄、伊坂幸太郎、熊谷達也、佐藤賢一、山折哲雄等。一直以來《仙台學》邀請作者寫稿時只有一個請求，那就是「請如實寫下自己目前正在思考以及感受的事情」。

「千葉總編輯收到原稿時感動到哭了，她說作者寫出了她的心情。身為雜誌編輯的我們是第一個看到那些文章的讀者，來自東北地方的作者對於故鄉的懷念令人動容，也告訴我們該如何看待目前的現況。」

地震發生後已過了一年，直到現在土方先生還是抱持著堅定理念，認為「一定要進一步強化東北觀點，讓日本各地民眾了解。」

「每次在報章雜誌或電視上看到『重建』兩個字，就不禁想起過去製作書籍時，陪著自己成長的東北鄉鎮景緻。身為地區出版社，更應該持續追蹤地震災情，留下完整報導。『重建』說起來很簡單，但我們要重建的究竟是什麼？一想到這一點，我認為了解地震前的東北樣貌，會是未來最重要的課題。」

chapter 2

為福島點燈

這是我進公司以來第一次休長假

YAMANI 書房 Everia 店店長吉田政弘先生，騎著腳踏車走在幾近無人的街道上。

這裡是他土生土長的故鄉福島縣磐城市。

YAMANI 書房在這裡總共開了七間店，自從三月十一日發生大地震之後，總店要求他待在家裡待命，此時他為了查看福島第一核電廠發生輻射外洩事故後街上的狀況，特地騎上腳踏車到處奔波。

眼前所見盡是一如以往的熟悉街道，但無論到哪裡，路邊商店全都拉下鐵門，就連平時人來人往的商店街，如今也壟罩在一片靜謐之中。

一路上他幾乎沒有遇見任何人，只有交通號誌依舊對著無人街道閃著紅燈或綠燈。

獨自騎著腳踏車在荒涼的街上前進，他有一種全世界只剩自己倖存的感覺，中心湧現出一股難以言喻的焦急感。

明明住家附近的電力已經恢復，但那一天到了晚上，周邊鄰居卻沒有開燈的跡象。於是他抬頭看附近的公寓大樓，發現家家戶戶都沒開燈。

「我們家在地震後一、兩天就恢復電力了，（自從發生輻射外洩事故後）那天真的是一片漆黑。我猜想大家應該都避難去了吧？看到家附近的景象，說得誇張一點，我真的覺得這一帶只剩我們家還倖存。雖然電來了，可是水還沒來，所以每天都得去公園取水。一到公園就發現許多鄰居拿著水桶在排隊，那個時候才終於確定這裡真的有其他人在。」

他服務的 YAMANI 書房 Everia 店，是一間位於磐城市鹿島町「鹿島 Everia 購物中心」二樓的店中店。

「鹿島 Everia 購物中心」是一棟占地寬廣的兩層樓建築，位於與常磐高速公路（常磐自動車道）平行、貫穿福島縣沿海地區的國道六號，一進入鹿島町的河岸邊。其與家居連鎖店宜得利磐城店隔著河相互對望，地面與屋頂皆設有大型停車場，是磐城市內最大的購物中心。

許多媽媽都會帶著小孩來逛 Everia 店，書店裡陳列著各種女性雜誌。三月十一日，也就是磐城市發生最大震度接近六級的地震那一天，店裡也有很多女性顧客以及剛放學的學生。

地震最初是上下搖晃、接著又發生劇烈的左右搖晃，與兩名員工待在櫃

吉田政弘店長

檯的吉田店長完全站不起來，花了好大的力氣才離開櫃檯。他看見書籍掉落一地，大聲提醒顧客遠離書櫃，只見年輕女性驚嚇到坐在地上，對著因停電而變得陰暗的店內不知所措。

可能是地震震裂了自來水管，書店開始漏水，淋濕了掉在地上的大量書籍。

第二天，吉田店長與員工還沒整理完店裡，就發生了核電廠機組第一次氫爆的事故。各地衛生所趕緊發送碘片給兒童服用，一時之間大多數居民紛紛到其他縣市主動避難。

「雖然我也感到害怕，但老實說我根本搞不清楚狀況。再說，就算真的要去避難，跟我們一起同住的岳父、岳母年事已高，帶他們去其他縣市生活不是一件容易的事情。而且想要購買汽油必須前一天晚上就去加油站排隊，目前我只儲備了面臨緊急狀況時使用的汽油量，現在出門都騎腳踏車。」

地震過後，磐城市內七間 YAMANI 書房全部暫停營業，總店還要求所有員工在家裡待命。話說回來，在發生輻射外洩事故的地方重新營業不僅十分困難，Everia 店也因為購物中心本身正在檢查受災狀況，暫時對外封鎖。吉田店長只是一名小小的書店員工，根本無能為力。

回顧當時，他只說一句話：「這是我進公司以來第一次休長假。」

吉田店長在 YAMANI 書房服務已經超過二十年，現年四十七歲的他在東京讀完大學後，回到故鄉磐城市成為書店店員。

磐城市自古以炭礦聞名，YAMANI 書房的前身是小田炭礦，因煤炭產業沒落而結束營業時，嗜好讀書的前前代社長便決定開設書店。「YAMANI」的「YAMA」取自小田炭礦的屋號（編按：江戶時代顯示家門特色的稱號，有的是出生地，有的是商店名字），這裡也是吉田店長從小最常逛的書店。

雖說吉田店長喜歡書也愛閱讀，但二十多歲時他並不想當一位書店店員。而是因為大學畢業時正好遇到泡沫經濟末期，遲遲沒找到工作，他的父母擔心他的未來，所以硬是要他進入 YAMANI 書房工作。

就這麼工作了一、兩年，慢慢開始在這份工作中找到價值與自己的社會責任。不只是他，金港堂的武田店長也是如此。

「當書店店員讓我體會到服務業的喜悅，尤其看到孩子們開心拿著書到櫃檯結帳時，會讓我打從心底想跟他說聲『謝謝』。不只是書店，對店家來說，滿足顧客需求、讓顧客感到開心，是做生意的原點。正因如此，若店裡沒有顧客想要的書，無法滿足他們的需求⋯⋯真的會讓人感到氣餒。」

事實上，書店暫停營業的三到四月是最重要的衝刺期，由於適逢新學期的開始，不僅能為書店帶來販售學校教科書與參考書的收入，進貨的商品數量也比平時多。換句話說，此時正是書店營業額的關鍵期，收入多寡攸關是否能應付各種支出，也會影響一整年的營業目標。地震讓書店錯失最關鍵的銷售期，這讓在家裡待命的所有員工感到憂慮。

騎著腳踏車在無人的街道上前進；帶著水桶前往公園等固定的供水處取水；開車運回「每人限裝一桶」的水回家，看著汽油一天天減少；田徑場上停著以前從未見過的深綠色自衛隊救援車輛，他們正準備前往遭受海嘯侵襲的沿海地區以及禁止進入的北方封鎖區救災——這就是吉田店長現在的生活狀況。

吉田店長的家裡有兩台車，平時是自己與太太各開一台車，不過，為了預防不時之需，他完全不開還有汽油的那台車。

每個人都有自己的苦衷，有些人因為輻射外洩事故攜家帶眷前往其他縣市避難，也有些人跟他一樣，由於家庭因素而無法離開居住地。

輻射外洩事故情況緊急，後續影響仍不明朗，對於沒有選擇到外縣市避難的吉田店長來說，這個問題完全超乎他的想像，無論如何思考也想不到任何結果。他感到相當不安。雖然很不安，但現在也只能與不安共存，邊看狀況邊想辦法生活下去。

儘管如此，他已下定決心，要是真有萬一，他一定會盡全力保護家人安全。正因如此，他需要汽油。汽車油箱中僅存的幾十公升汽油，是穩定當時的他以及全家人不安生活的最後堡壘。

外界資訊無法進入災區

地震後過了大半個月，直到四月一日 Everia 店才恢復營業。

儘管購物中心已解除封鎖狀態，但福島縣沿岸最快也要到四月上旬才有最新一期的雜誌與新書進來，因此還需要一段時間，才能讓書店經營恢復原有狀態。

根據先前出場過的東販石川部長的說法，福島縣沿岸原本就有汽油不足的問題，加上輻射外洩事故的影響，必須重新建構物流網絡。由於放射性物質的影響還沒有定論，因此物流公司的貨車只能將貨物運送到最接近沿海地區的地方，無法進入。更慘的是，四月十一日再度發生震度接近六級的餘震，所有商品全部從書櫃上掉下來，接著又因為漏水損失了五千本以上的書籍。

「在最需要外面資訊的時刻，卻無法滿足顧客需求，這是最令我感到氣餒的地方。」那一天，在櫃檯後方的小辦公室裡，吉田店長這麼對我說。

在此之前他一直是以平淡的口吻訴說著地震後看見的光景，就連說到毫無人煙的街頭、為了避難而費盡心力保存汽油的心情，感覺上也很平靜，唯有這一刻表現出激動的情緒。

當時週刊雜誌《AERA》以斗大標題「輻射來了」掀起一陣議論，於此同時，各週刊雜誌紛紛針對輻射外洩事故發表各自立場與論點。有些雜誌利用聳動標題報導輻射外洩的負面影響，也有媒體認為現狀並不如外界報導那麼嚴重。無論如何，重要的是這些報章媒體究竟是為了誰製作這些專題報導？事實上最需要外界資訊的正是災區裡的災民，可是最需要外界資訊的福島縣沿岸書店，卻無法拿到最新雜誌販售！磐城市也面臨相同狀況，當地居民根本沒有機會對照不同意見。

另一方面，拿不到新書與最新雜誌的Everia店，恢復營業後只能販售童書、開發幼兒潛能的訓練圖卡、著色畫與拼圖等商品。

「當時大人不會讓小孩到外面玩，為了讓孩子們待在家裡時有事可做，所以才會特地販售這些商品。剛開始每個人出門一定會戴口罩，如果不戴口罩出門，還會有陌生人提醒你要戴。」

孩子們手上拿著平時父母絕對不會買給他的「決鬥王」或「遊戲王」卡片，開心地跟媽媽一起走出書店。

吉田店長看著孩子們天真無邪的模樣，心中百感交集。因為這些商品賣出後沒辦法再補新貨，於是漫畫貨架以及雜誌陳列區開始出現商品零零落落的景象，店內瀰漫著一股難以言喻的淒涼感。在不得已之下，他只好從紙箱中拿出等著退貨的過期雜誌，再放上雜誌書與書籍，盡可能填滿貨架。

就在這個時候，許多客人不斷詢問吉田店長：「為什麼都沒有新書？難道是因為發生輻射事故的關係，所以貨車司機都不願意來了？」面對這類疑問，雖然吉田店長也很想回答：「事情應該沒有這麼嚴重……。」不過，他還是說不出任何一句話來。

「當時電視新聞一直報導油罐車與貨車停在福島縣縣境的消息，照這個新聞看來，就代表沒有人願意接近福島縣。我還聽說掛磐城市車牌的車遭到差別待遇，禁止前往其他地區，我真的感到很悲哀。不是憤怒，是悲哀。」

有時候會有孩子們跑到書店確認有沒有最新一期的漫畫雜誌，遺憾的是，店裡完全沒有新書，無法滿足他們的需求。

過去Everia店賣得最好的商品就是每月三日出刊的《Ciao》少女漫畫雜誌，固定來店裡買《Ciao》的女孩們，因為買不到四月號失望而歸。《寶島少年》、《週刊少年Sunday》以及《新少年快報》也好幾個星期沒進新刊了。吉田店長看著那些抱著期待的心情來買漫畫，卻帶著失望表情回家的孩子們，不禁感到無地自容。於是他憑著一股衝動，決定開著原本打算在最後一刻帶著家人去避難、油箱滿載的汽車，前往其他地方親自買書回來。

「當時我只想就算只有一本、兩本都好，我希望能開車到東京，親自買雜誌回來，讓孩子們都有漫畫可以看。」

直到四月中旬以後才恢復穩定的進貨狀況，不過在那之後，他還是持續收購過期的漫畫雜誌，希望能讓之前買不到的孩子們補齊所有期號。

不知該開心還是難過，五月以後Everia店賣得最好的，竟然是與地震、輻射外洩事故有關的書籍和雜誌。店內陳列著復刊的物理學者高木仁三郎先生的著作，每個展示台都擺上以放射線與輻射外洩為主題的書籍。由地方媒體福島民報社出版的攝影集《福島的三十天》，光在YAMANI書房集團就創下了將近兩千本的銷售量。

「店裡的書真的賣得很好，三、四月的營業額可說是慘不忍睹，但進入五月之後，比去年成長了兩位數。不過，我認為靠地震與輻射外洩事故相關書籍來支撐營業額的日子，應該過不了多久。」

既然如此，當盛況退去之後，他們要如何靠自己的力量維持書店？吉田店長每天都在思考這個問題。

四月之後，他曾經去過一次遭受海嘯侵襲的沿海地區。他有朋友住在附近，小時候經常在夏天到海邊玩水，所以他很想親眼看看那裡現在變成什麼樣子。

到了現場只看見被海嘯沖走一切的荒涼海岸，他後悔地說：「早知道就不要來。我應該看電視就好，不應該到現場。」

地面滿是住家被沖毀後留下的殘骸，以及剛形成不久的瓦礫堆。一想到自己也住在磐城市，家人與房子全都安然無恙，心裡更覺得難受。

「現在的磐城市——」他頓了一下，繼續說：「某種程度上跟寸草不生的北國一樣荒涼。」

輻射外洩事故污染了海洋，衝擊日本漁業，帶來無可挽回的悲劇。通往仙台的鐵路斷成兩半，沿海的「濱通」道路也無法通行。串連每個鄉鎮的道路和歷史都被這場地震震斷，影響之大讓他到現在仍不敢想像。

「如果要搭乘通往仙台的常磐線，從磐城車站只能到草野車站、四倉車站與久之濱車站，再往前就行不通了。常磐高速公路也一樣，如果往富岡町和廣野町日本村（J-Village）的道路被封鎖，磐城市就變成高速公路的終點站。這種感覺就像是磐城市被大家遺棄了，令人無所適從。

未來可能年輕人都不願意留在這裡，我們這一代也不能要求他們回故鄉打拚。一個城市之所以有活力、有前景，是因為有年輕人留在這裡。可是，現在我的感覺是，連這樣的可能性都沒有了。我完全看不見十年後、二十年後……更久以後的未來發展。究竟要到什麼時候，我們才能說『一切結束了』、『現在安全了』？」

說完後，他陷入一陣沉默，繼續說道：「我現在完全找不到任何答案。不過，正因如此，我們更要努力活下去。無論是個人或是公司，都要想盡辦法在這片土地上生活下去。我一定要想出辦法，而且一定要找到答案。」

「至少先把燈打開再說」

如果年輕人一個個離開磐城市，我們在這裡開書店又有什麼意義？書店在一個城鎮裡又能發揮什麼作用？

我帶著YAMANI書房吉田店長的不安與疑問，前往福島縣相馬市與南相馬市造訪兩間書店。輻射外洩事故爆發後，這兩間書店老闆都暫時離開避難，後來又回到故鄉繼續開書店，我想聽聽他們的想法。我想知道決定留下來的他們，會如何回答吉田店長的疑問，並如何訴說對於故鄉的懷念以及決定留下來的心路歷程。

國道六號過去被稱為陸前濱街道，從這條路往西走，不一會兒就會看見寧靜的相馬市街頭。

相馬市是歷史悠久的城下町（以領主居城為中心發展起來的城鎮），細心規劃的市公所和市民會館附近還有運河，流經過去稱為馬陵城的中村城遺址與馬陵公園腹地。從每年夏天都會舉辦「相馬野馬追祭典」的中村城遺址步行兩百公尺左右，就會看到名稱頗具古味的丁子屋書店正座落在道路一角。

書店開設在一棟宏偉的瓦頂土牆建築物裡，入口窗戶掛著一塊布幕，上頭寫著「加油！濱通」。門口貼著福島民報社出版的《福島的三十天》再版的消息，打開大門走進去，發現這間祥和的小書店也販售秤和文具。

打聽之下才發現，原來這間延續了十一代的老店，在江戶時代就是中村城的特權商人，得以進出將軍、大名（諸侯）、公卿貴族宅邸或寺院，從那個時候開始就販售油與燈具等商品。

店主佐藤重義先生豪邁地開玩笑說：「我們可以說是相馬市歷史最悠久的商人，唉，都生鏽了。」

明治時代開始實施早期的檢定制度時，丁子屋也順理成章地販售起教科書，成為「書店」的原點。傳統的瓦頂土牆建築表現出悠久歷史，與相馬市風味獨具的街頭景色融為一體。

「說真的，比起大地震前，現在的生意真的很冷清。」

坐在丈夫身旁圓椅上的佐藤時江女士，望著一個客人也沒有的店內如此說道。

當先生出去送貨時，佐藤時江女士就負責看店。她永遠忘不了三月十四日，聽到福島第一核電廠三號機發生爆炸事故的消息時，趕緊離開店裡去說服不肯避難的公公婆婆立刻逃難的經過。

「之前一號機爆炸時，他們說他們住在上風處，不會有任何影響，所以沒有避難。地震發生後，我兒子馬上從工作地點郡山趕回來探望我們，確定我們都沒事之後，就說要在十四日當天回郡山去，碰巧在半路上聽見自衛隊員用對講機通話的內容，才知道三號機爆炸了……於是他趕緊回頭拚命說服爺爺奶奶立刻避難。

從事故發生後，我公公就一直說『自己沒問題』，無論我們怎麼勸，他都不願意離開。後來還是婆婆哭著說：『老伴，你一個人在這裡要怎麼吃飯？沒有人煮飯給你吃喔？你的職責就是守護大家，我們一定要一起走才行。』當時婆婆認為現在離開，可能一輩子都回不來，所以鎖上店門之後，在門前雙手合十，祈求老天爺保佑我們。」

佐藤夫妻後來到內陸地區避難，幾天後，開始每天開車往返相馬市，回到書店整理店面。

重義先生告訴我，地震發生時他太太只來得及關上爐火就跑出去，架上商品全部掉落在地面，連可以站的地方都沒有。

「地震發生時我騎摩托車在外面送貨，突然感覺輪胎沒氣，原本還以為是前後輪都爆胎，平靜下來之後，我花了好大力氣才拉住煞車，撐住摩托車。旁邊房子的圍牆紛紛『磅』地一聲倒下來，當時我只有一個念頭：我家一定也倒了。還好我們家是傳統的瓦頂土牆建築，有梁柱撐著才沒事。」

丁子屋書店的佐藤時江、重義夫妻

儘管房子沒有坍塌，不過還是有瓦片掉落、部分土牆崩落的情形。夫妻倆拉開鐵門，走進店裡，先將所有掉落的書籍放回架上。時江女士整天在店裡清掃，重義先生則去海邊，沿著海岸線走，尋找下落不明的朋友。接著再回到店裡，修整崩落的屋頂與土牆，就這麼過了一段時間。

相對於 YAMANI 書房吉田店長看見的「毫無人煙的街道」，在這段日子裡，夫妻倆看到的卻是截然不同的光景。

時江女士回想起那段日子，如此說道：「我一邊在清掃店裡，抬頭望向店外，看到好多人拿著購物袋在路上走。」

那些都是從隔壁的南相馬市到附近學校避難的災民，雖然超市沒有營業，不過小鎮上的麵包店以及販賣可樂餅店的肉店門口，排了一條長長的人龍。

由於汽油短缺的關係，路上幾乎看不見汽車，因此所有災民都是走路出來，這個場景不禁讓重義先生回想起「相馬市最熱鬧的昭和三〇年代」。

這個景象也讓他下定決心，一定要讓書店恢復營業。

「整理時我們將鐵門拉開到一半，引進外面光線，很多客人都走進來問：『你們有賣日曆嗎？』在避難所的生活會讓人感到混亂，完全搞不清楚今天是幾月幾日。看到這麼多客人進來詢問的模樣，也讓我覺得一定要趕快開店才行。對於在避難所生活的災民而言，如果走在街上看到商店全部拉起鐵門，這個地方就跟鬼城無異。商店街歇業會讓這個城鎮失去活力，所以我認為至少先把燈打開再說。」

時江女士接著先生的話說道：「我先生說的開店，並不是要賣書或是賣什麼產品，而是光聽居民們說『書店有開耶』，就讓人覺得很有成就感，剛開始真的只是這樣。」

丁子屋書店的經銷商是中央社，由於中央社一直沒送新書過來，所以店裡都擺著過期的雜誌與漫畫週刊。客人上門就是為了要買新書，於是時江女士打電話問業務窗口，對方卻回答：「我們得先送岩手與宮城，福島是最後一站。」

「為什麼？路已經通了啊，明明（貨車）可以開到這裡來！」

儘管時江女士感到不解，不過，對方窗口也很抱歉地表示，之所以會這麼安排，全是因為輻射外洩事故的影響，現在商品完全送不進去。如同前方頁面所述，一直到四月上旬才開始有新書送進來，先從會津地方、郡山、福島市等中通地區開始，最後來到沿海的濱通地區。

「後來中央社的窗口還跟我說：『抱歉，佐藤太太，我有一個不好的消息要告訴妳。』我就跟他說：『我已經不想再聽到任何不好的消息了。』他說濱通地區的送貨時間會往後延，可是沒人知道『往後延』會延到什麼時候，我真的不知道該怎麼辦。」

儘管沒有新書可賣，每天一開門還是有客人上門，正因如此，他們從三月中旬開店後就一直沒再停業。災民們避難時除了身上穿的衣服之外，沒有帶任何物品，他們一看到丁子屋書店開門營業，便立刻去買地圖，以及到市公所或銀行去申請文件時會需要用到的印章。

以前店裡還有賣刮鬍刀等生活用品，現在只要有客人詢問，重義先生就會到後面倉庫取貨，拿出來販售。

一到傍晚，當天色變暗，店裡就會透出燈光，吸引剛下班的市公所員工進來。他們白天忙著處理沿海地區的海嘯災情，以及輻射外洩事故的應變措施，下班時早就疲憊不堪，但看到從窗格透出來的燈光，忍不住踏進書店，也會不禁感嘆「哇，真的有營業耶」，頓時放下了所有壓力。

「書店其實很有趣，有些客人一開始就已經鎖定想買的書，不過，最吸引人的地方就是，每個人都可以毫無目的地瀏覽書櫃，尋找自己覺得有趣的書。就這一點來看，書店是個能讓人轉換心情的地方。」

每當客人上門，時江女士都會說：「很抱歉，現在因為沒辦法進貨，所以沒有最新一期的雜誌喔。」

有趣的是，幾乎所有客人都會對滿懷歉意的老闆娘說：「沒關係，沒有新書也無所謂。」還有很多客人會買一個月前出刊的舊雜誌，所以展示區上的商品逐漸顯得零零落落。

過了一段日子之後，從南相馬市前來避難的災民，開始遷往市郊的避難所以及臨時住宅，四周開始恢復往日的祥和氣氛。

不過，佐藤夫妻至今依然會想起天災意外為鎮上帶來的「活力」，並不斷思考背後的意義。「活力」像夢一般地消失了，但在那段期間決定開店的心意並沒有錯。

丁子屋書店雖然在地震後營業額未見起色，但在重義先生的心中，他認為自己「盡到了地區商店的義務」。

時江女士也與先生有同樣想法。

「聽到客人對我們說『還好你們有開』、『謝謝你們為鎮上的人打開大門』，這些話也鼓勵了我們，正因如此，我們才能堅持到今天。」

從「受災戶」變成「書店經營者」

離開相馬市中心佐藤先生的書店後，我開車來到沿海地區，開上國道六號往南方前進。

設備完善的外環道沿線上，林立著曾經存在如今已消失的購物中心、路邊車站與二手車經銷商。其中有些店已經恢復營業，有些店還是大門深鎖。

隨著道路左彎右拐，偶爾會看見東邊出現蔚藍大海，海嘯侵襲過的痕跡一直綿延到遠處。繼續往前開了一會兒，我經過福島第一核電廠二十公里警戒區前，一處與 7-11 共用廣闊停車場的餐廳，那裡擺設了禁止通行的路障，阻止人們再往前走。從這裡朝西北方走五公里，就會來到南相馬市的市中心。

「大內書店」就開在市區裡，店主大內一俊先生也是決定在地震過後繼續開書店的其中一人。

大內書店

南相馬市位於福島第一核電廠方圓三十公里的範圍內，輻射外洩事故發生後，日本首相要求疏散部分區域居民，並將大內書店所在的原町地區列為室內退避區域。住在該市的書店員工每天都要出門領取救援物資，一直到三月十八日，日本政府加派巴士，將有意離開避難的災民載往其他縣市，情勢變得愈來愈緊張。

「現在想起當時的情形還是覺得很心痛。」大內先生娓娓道來自己的心情：「我們一家是在三月十二日避難，還記得那天我在電視上看到核電廠機組爆炸，立刻前往位於書店前馬路上地區報社的分社，店裡有一位常客在那裡工作。我問他有沒有任何消息，他說：『就連記者也接到了疏散命令，所以你現在趕快逃命去吧！』聽到他這麼說，我也覺得大事不妙，於是帶著兩隻狗，還拚命說服奶奶，差不多晚上七點離開南相馬市，先找個地方避難再說。」

就在他們前往內陸地區避難的那一天——由於油箱裡的汽油不多，帶著家人避難的大內先生很擔心汽油不夠，但還是硬著頭皮開著車往宮城縣的方向駛去。

剛開始他想過投靠妻子真子小姐的娘家，不過她的娘家在山形縣，當時東北高速公路和山形高速公路（山形自動車道）早就封鎖。想要前往山形縣就得越過還在積雪的關山頂，擔心會塞在車陣中的他們，決定改去宮城縣大河原町的體育館避難。

開車時他的心情「就像是在看不見一絲光線的陰暗處」，沉重的感覺揮之不去。

逃出南相馬市之後，大內先生每天都很擔心在慌亂之中拋下的書店。三月十一日發生地震後，他立刻關上店門，將掉在地上的書一本本放回書架。再加上原本堆在店面後方、高度及腰的商品也散落一地，所以剛開始整理時一直很擔心有人埋在書堆下，拚了命地挖開書山。

當天他一直整理到深夜，好不容易才露出書店地板，他心想：「這下子明天應該能開店。」

不過，就在他繼續準備明天的開店事宜，電視機傳來了沿海地區遭到海嘯侵襲的消息，看到這則新聞，他的內心深處湧現出一股無法用言語形容的感覺，像是有什麼在鼓譟著，久久無法平息。發生了如此嚴重的天災，明天還要一如往常地開門營業，不知為什麼，這種感覺好飄渺，一點都不真實。不過，當時的他從來沒想過事情到後來，會發展成需要逃離南相馬市，到其他地方避難的程度。

「我完全不知道未來我們到底該何去何從?即使痛苦還是要努力，即使想往目標邁進，還是會一下子搞不清楚自己該往哪裡去。後來我聽說開往老婆娘家的高速公路搶通了，立刻驅車前往，一路上油箱警示燈一直在亮，還好最後平安無事抵達山形縣。到了岳丈家之後，我從早到晚都在看電視新聞。核電廠的二號機、三號機與四號機的情形持續惡化，讓我忍不住思考書店的未來該怎麼辦。大約一個禮拜之後，我打電話給書店經銷，對方告訴我現在完全無法送貨過來，我還曾經考慮過離開南相馬，到山形開書店。我每天都在想該怎麼辦，無法下定決心，晚上都睡不著。」

到了三月中，日本首相下達「室內避難」命令，要求部分地區的居民待在家中避難，不要外出。就在此時，大內先生決定回到南相馬市繼續開書店。

大內先生將家人安置在真子小姐的娘家後，立刻跑到加油站漏夜排隊，為汽車加滿油。他心中掛念著整理到一半就丟下的書店，於是獨自一人回到南相馬市，繼續未完成的工作。而且過期雜誌也必須在期限內退貨才行。

他開了很久的車從山形縣回到南相馬市。再回到故里，眼前的光景以及內心湧現出的情緒，讓他感到五味雜陳，相信只要他在這裡開書店的一天，

大內書店　大內一俊先生

絕對不會忘記這種感覺。

這一天，市公所附近的雙線道上，停了一整排自衛隊救援車輛，政府劃定為「室內避難區域」的城鎮外面毫無人煙。解開繩索的家犬徘徊在空無一人的道路上，四周籠罩在一片寧靜之中，自衛隊車輛讓這座小鎮充滿一股令人窒息的緊張感。

就在他將車停在店門口，拉開鐵門，開始整理散落在地上的書與雜誌時，突然感覺到門外有人，抬頭一看，應該待在家裡乖乖避難的居民，竟逐漸地聚集在店門口。

「書店好像有開」的消息瞬間傳了開來，不一會兒，店門口就排了一整列車子。就像丁子屋書店的佐藤先生一樣，大內先生看到這個景象後也感受到自己的使命，決定「在這裡繼續開店」。這一刻起，大內先生從「受災戶」的身分，又回到「小鎮書店的經營者」。

「那段時間店裡完全沒進新雜誌，不過，大家都很開心書店恢復營業，這一點給我很大的鼓勵，我一定要努力下去。之前我曾經懷疑是否還能繼續開店，想過要放棄，但現在我覺得我可以做到，這種感覺真好……。就連便利商店也完全沒書沒雜誌，在這樣的狀況下我更要開店，再說，我的工作就是讓顧客買到想要的書，這是我的職責所在。」大內先生微笑的表情說明了他有多喜歡經營書店。

大內先生決定回到南相馬市重操舊業，做了決定之後，心中大石頓時放下，原本緊繃的情緒也變得輕鬆多了。

大內書店即將邁入三十週年。

大內先生從仙台市內的大學畢業後，繼續留在仙台市的書店工作了五年。他喜歡「賣書」勝過讀書，他認為陳列在架上販售的書籍，散發出一種難以言喻的魅力。尋找顧客想要的書，將書交到顧客手上——為了做到這一點，必須具備精準的選書眼光，不必每一本書都看過也能滿足顧客的需求。做好這份工作能獲得無上的喜悅，這就是在書店工作最大的收穫。

後來回到南相馬市開書店時，他想過店面坪數不用太大，也無需擴張。他想開一間能滿足所有愛書人的需求，提供精緻服務的小書店。

大內先生回想當初創業的情形，懷念地說：「那個年代最普遍的訂書方式是剪下訂購短箋，在上面蓋章後寄回出版社。我還砸下了大約三十萬日圓買傳真機，將訂單傳給出版社後，出版社就會傳一張祝賀傳真成功的回信，很老派吧？」

就這樣過了三十個年頭，大內書店充滿了各種回憶，也蘊藏了大內先生的熱情。雖然大內先生的回憶都是一些芝麻小事，不過正代表了這間書店已成為他最懷念也最重要的寶物。

大內先生愈想愈覺得他絕對不能離開南相馬市，等到電話通了之後，趕緊聯絡東販的業務窗口，告訴對方他還要繼續開店的決心，並開始討論後續的進貨事宜。

少女雜誌完全賣不出去

政府解除了「室內避難」命令後，四月二十八日，大內書店正式恢復營業。

儘管大內先生充滿幹勁，店裡卻完全沒有任何一本最新雜誌與書籍。以前都是早上進貨，但現在所有商品全都存放在距離核電廠三十公里外的中轉倉庫。

在這段期間，大內先生打了好幾通電話給東販的業務窗口，才知道相馬市與磐城市已經在四月上旬恢復送貨，但南相馬市必須再等一段時間才能收到商品。有些等不下去的公司職員，紛紛自行前往貨運公司的倉庫取貨，大內先生也決定跟進，親自到倉庫拿書。

「所有居民都想知道最新消息，每天都在等最新出刊的雜誌，所以我也豁出去了。我努力說服貨運公司的窗口，雖然有點硬逼對方點頭同意的感覺，不過對方說只要我能過去，他就會將貨交給我。」

從那天起，他每天很早就起床，一大清早開車去倉庫取貨。這樣的日子持續了一段時間。

「看到架上空了將近一個月的新雜誌時，我的心情真的只能以開心來形容。一想到可以讓顧客買到這些雜誌，不禁感覺到經營書店是一件很有意義的事情……。」

一大清早開車去中轉倉庫取貨的日子過了一個月又一個月，與地震前相較，大內書店的氣氛產生了截然不同的轉變。

之前店裡差不多有兩百名常客，如今只剩下四分之一左右，許多年輕女性和小孩都前往外縣市避難，因此女性雜誌、時尚雜誌以及《Ribon》、《別冊FRIEND》等以少女為族群的雜誌完全賣不出去。少女漫畫雜誌原本一個月進三十本，現在只剩五本。

相較於銷售量銳減的少女雜誌，與地震有關的攝影集成為這段時間最熱賣的商品。除此之外，大內書店也跟其他書店一樣，地圖賣得相當好。從浪江町和雙葉町來避難的災民，為了在南相馬市安頓下來，紛紛前來購買地圖。

「南相馬市有許多年紀很大的老爺爺、老奶奶，我們又是現在最有規模的書店，所以一大早就有很多客人來訂書，或是打電話來問事情。在最新雜誌還沒有進來之前，也有很多客人想買過期雜誌，那段期間真的是一團混亂。不過，這個現象代表書店生意興隆，再怎麼累都會覺得很開心。」

自從書店恢復營業之後，雖然來客數量變少了，營業額卻增加了，面對這個現象，大內先生的心情相當複雜。

現階段恢復營業的店家數量不多，加上東京電力公司開始支付賠償金之後，售出的較高單價書籍明顯比地震前多。而且原本只買一本週刊雜誌的顧客，現在變成一次買三本。

大內先生聽從東販企劃人員的建議，在店裡設置「TOMICA」小汽車展示櫃。大內書店不像磐城市的 YAMANI 書店有賣遊戲卡，但為了工作或辦理相關事宜從避難地點回到南相馬市的爸爸們，會來買繪本或小汽車回去送給小孩，問他們為什麼要在這裡買，他們說：「那裡沒有書店。」然後開心地帶著禮物回到遙遠的避難地點。我相信他們一定也是想在故鄉買個禮物送小孩，才會特地來這裡。

手邊還在忙著工作，大內先生突然說：「不曉得再這樣下去，這裡會變成什麼樣子？年輕人紛紛離鄉背井，企業也不願意投資，沒有就業機會，這裡只剩下老人。一想到將來的事情就讓我夜不成眠。」

儘管如此，大內先生依舊覺得自己現在能做的事情，就是專心做好自己的工作。

「我經常想起避難時心裡的痛，當時覺得搞不好兩、三年都回不來，即使是現在，我也好想忘掉一切。我現在唯一的想法就是忘掉所有痛苦，就當一切從未發生過。不可否認的，逃到其他地方避難時，我內心一直想要早點回到南相馬市開店。每過一天，想回來開店的心情就愈強烈。

當我決定回來開店時，內心真的覺得很輕鬆，陰霾一掃而空。很多人到現在還無法回家，但我相信他們都想回來。正因如此，我才要住在這裡繼續開店……每天埋首工作，更讓我確定相信自己的心、聽從自己的感覺，這才是正確的決定。」

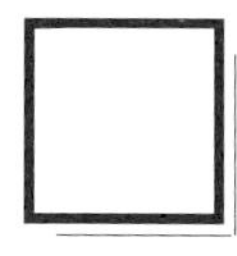

「延續至未來的攝影見證書」

三陸新報社專務・渡邊真紀女士

地震過後，各報社紛紛推出記錄地震災情的攝影集，這些攝影集也成為東北地方各書店的暢銷商品。在眾多作品中，直到二〇一一年七月才由三陸新報社出版的《巨震激流》，逐漸成為全日本注目的焦點。

這本書最大的特色就是如迷霧一般的白色裝幀，放在書店的展示平台上，看起來格外搶眼。封面使用氣仙沼市鹿折地區的照片，書腰以描圖紙製成，巧妙地遮住瓦礫堆，在一整排攝影集中特別出眾。

在三陸新報社擔任專務董事一職的渡邊真紀女士表示：「我們推出這本攝影集，已經是地震發生後四個月，所以我不想使用太清楚的照片。這本書剛印好時，家裡也是受災戶的公司員工說：『看到這本書印得這麼美，就覺得很欣慰。』就連負責潤校文字的編輯製作這本書時都那麼難受，更何況是自家受災又住在避難所或臨時住宅的災民。就是因為這樣，雖然這本書是在談論海嘯，但我還是希望能做一本看起來很溫馨的書。」

巨震
激流
3・11
東日本大震災
The East Japan Earthquake
& Tsunami

マグニチュード9.0
——大津波そして火災
現場記者 決死の取材
報道写真と72人の証言
三陸新報社

以白色為基調的裝幀醞釀出有別於其他攝影集的氛圍。

從氣仙沼市區開車約十分鐘，順著國道四十五號往上走，會進入一座小山，三陸新報社就位於山腰處。該公司創業於一九四六年，主要以氣仙沼市與南三陸町為發行地區，地震前的發行量為兩萬三千五百份，如今則為兩萬份。報社共有十二名記者，年齡橫跨二十多歲到五十多歲，公司員工總人數為三十五名。

「市面上開始出現報導紀實攝影集之後，許多訂戶都打電話來問我們會不會出。地震之後許多地區都與外界隔絕，電視新聞上看不到這些地區的消息，所以有些人很想知道當時到底發生了什麼事，他們希望能看到一本以災區為主角的書。只不過，我們公司的員工全都來自氣仙沼市，自己也是受災戶，在地震之後每天還要跑新聞、發行報紙，光是處理手上的工作就已經忙不過來了，所以我們沒辦法立刻出版攝影集。」

三陸新報社也是從地震隔天持續發行報紙的地方報社之一。

由於地震當天町議會與市議會召開大會，各報都派記者前往採訪，因此我們有些記者困在當地回不來，還留在編輯部的記者便請示董事長淺倉真理女士，接下來他們該怎麼辦。

淺倉女士只說了一句話：「按原訂計劃出報。」於是所有人開始著手編排版面。不過，此時由於停電的關係，印報紙的輪轉機無法運轉，三陸新報社又不像其他大型報社有備用的發電機。正當他們考慮向氣仙沼市防災中心借發電機時，製作部員工提議：「利用汽車電源就能使用影印機了。」

於是他們將最小台的影印機搬到一樓，用電源線連接汽車電池與影印機，啟動汽車引擎後，開始利用影印機複印報紙。三月十二日與十三日兩天，三陸新報社利用A4紙複印了三百份左右的號外，分頭送到已知的避難所去。

有些員工帶著家人一起住在公司，總共有四十人。天一亮，記者們又再次出動，四處採訪。

渡邊女士表示，記者不只是出去採訪，還要解決他們的私人問題。三月十三日，報社高層確認了十二名到淹水地區採訪的記者全部平安無恙，不過，有些記者在這次天災中痛失家人，有些記者的家人則下落不明，還在努力搜救中。

後來《三陸新報》開闢了〈巨震・激流：記者在當時……〉專題，總共連載了二十二篇報導（連載內容也全部刊登在攝影集中）。採訪地點包括流經魚市場前與市中心的大川附近、市公所、南三陸町志津川的體育館、氣仙沼市的小學與國中……。深入氣仙沼市與南三陸町各地的記者們用心撰寫的每一篇報導，深刻記錄著當事者的哀傷與不安。

負責撰寫最終回報導的記者小野寺英彥先生，在痛失哥哥的第二天，帶著用A4紙影印的號外前往避難所發放，一邊尋找目前還下落不明的女兒。他以平穩的筆觸寫下了在確認女兒平安無事之前，這一路的心境：

「田裡散落著一堆車輛，我找到了女兒的車，卻沒看到女兒。

下午四點多，我在氣仙沼中央社區活動中心避難的災民口中，得知他們是搭乘直升機逃出來的。於是我拿起相機，往曙橋方向前進。

我越過兩三座瓦礫山，來到了CREA Miura購物中心的停車場。前方都是污泥與碎石，人無法直接走過去，我只好在遠處拍攝四架直升機救助災民的模樣。

此時我發現旁邊有一堆疊起來的車子，心想：『我女兒的車不會在這裡吧？』雖然女兒曾經利用171語音信箱系統報平安，但今天一整天我都聯絡不上她。

十三日早上，我前往松岩國小與松岩社區活動中心的避難所，繼續尋找女兒的下落。離開前在留言板上寫著『給女兒，到爸爸的公司來』，並留下女兒的名字。每一字都滲著我的淚，『女兒，拜託妳一定要平安啊！』」

所有記者就在這樣的狀況下持續採訪，度過了固定休刊的星期一，星期二繼續出報。汽油早就為了啟動影印機而用盡，幸好星期一傍晚，三陸新報社所在的地區搶先恢復電力，於是便在公司裡的印刷廠印製報紙。

前三天的《三陸新報》上全部都是避難者報平安的消息。避難者名單是記者們一一造訪避難所收集而來，由於這些名單是用手寫的，無法辨識的文字就以「■」取代。這份清單不只是災民們的心願，也是到各個避難所尋找親人下落的記者本人所看到的真實世界。

「親人平安與否是所有災民，也是我們最亟需知道的消息。我們外出採訪的使命不只是為了持續出報，也是為了讓所有人知道自己的親人是否平安。」

最後記者們收集到的避難者名單高達一萬九千人，報紙版面放不下的名單，就印在另外一張紙上，連同救援物資配送到超過九十三處的避難所。除此之外，記者們也會將這份名單貼在主要地點的告示板上。記者以外的其他員工則幫忙收集能協助災民重建生活的民生資訊，例如恢復營業的店家清單與營業時間等等。三陸新報社就這樣度過了三月份。

地震過後兩個月，也就是五月份時，三陸新報社才著手製作《巨震激流》這本攝影集。當時書店貨架上早就被河北新報社與朝日新聞社等媒體出版的報導紀實攝影集所占據。從一開始訂定製作方針時，三陸新報社就確定了「這不是一本攝影集，而是結合當地居民證言的『攝影證言集』」的編輯理念。除此之外，書中還收錄了記者的連載報導，以及負責指揮救災工作的氣仙沼市市長、消防員、警察、海上保安署高層，還有居住在氣仙沼市和南三陸町，從八歲到八十三歲的七十二名男女市民的心路歷程。

地震的瞬間、拚命逃離海嘯的體驗、在避難所看到的人生百態、在車上看到的光景、災民們的對話、人與人的相遇……接受採訪的民眾全都住在氣仙沼市與南三陸町，七十二個人所描述的場景、感受到的情緒，化為短短的文章，卻深刻打動每個人的心。而且沒有一篇文章內容是相同的。看完這本攝影集，才發現這次的天災已經在每個人的心中烙上具體而不一的印痕，這樣的體悟應該要繼續流傳下去。

渡邊女士跟我說：「我想要做一本可以當成傳家寶，而且家家戶戶都想擁有一本的美麗書籍。出版之後感謝本地居民的抬愛，很多人跟我說『我等這本書等了好久』、『這本書終於出了』，大家都很期待這本攝影集。」

誠如渡邊女士所言，這本書的裝幀相當簡練，在泛白封面低調地放上書名，與其說它是一本報導紀實攝影集，以作品來形容更加貼切。三陸新報社的記者將《巨震激流》視為一種「紀錄」，不只是聚焦在報社和災區工作的人們，也與當地生活緊密相連，更是一本可以流傳後世的珍貴作品。從這本書上，我們感受到這樣的心意。

記憶 後世へ
巨震激流
アパート 船のように
小野寺 徹
東日本大震災の証言

記憶 後世へ
巨震激流
粥分け合って一夜
小野寺 徹
東日本大震災の証言

三陸新報記者們寫的報導〈巨震·激流：記者在當時……〉。

chapter

3

行動書店的店主

透過空拍攝影集尋找「地震前」的家

二〇一一年六月，碎石瓦礫已經清除完畢，地面只剩下建築物的地基以及叢生的雜草。溫暖海風吹拂著雜草，高處空地興建了一整排臨時住宅，大量的瓦礫堆積在暫時存放垃圾的廣場，在陽光照耀下閃閃發光。

距離宮城縣石巻市的金港堂往西約兩公里處，從三陸道石巻河南交流道下高速公路進入國道，即可在附近看見 YAMATO 屋書店 AKEBONO 店。

這間書店還附設大型影音出租連鎖店「TSUTAYA」，我抵達該店之後，店長津田昌彥先生便帶我參觀「戶外用品」專區。他拿起放在桌上的厚重雜誌書，跟我說：「這是我們店裡目前賣得最好的一本書。」

這本雜誌書的書名是《宮城．福島樂海釣：從空中俯瞰最佳釣點》。

「我跟你說，像這樣打開這本書之後……」

津田店長翻開這本書，裡面全是宮城縣沿岸的空拍照片，而且每張空拍照片的品質都很高。

這本書的出版社是河北新報社與福島民報社，在蔚藍海洋與蔥郁森林的襯托下，沿海地區家戶屋頂的造型與顏色，顯得更加鮮豔。空拍宮城縣一百八十六處以及福島縣七十八處的海岸線和離島，以空拍的實境照片介紹漁港、防波堤等最佳的海釣地點。

「這本書清楚拍下了海嘯侵襲的地區以前有多美。」津田店長說著，輕輕地將攝影集放回桌上。「我認為現在買這本書的人，沒有人是為了去釣魚而買。很多人是因為想找一本關於自己故鄉的書籍，而在不經意間找到這本，看到裡面『拍到了他的家』，所以才購買。」

地震發生後已超過三個月，記錄海嘯災情的攝影集在東北地方的書店創下驚人銷售量。走進書店最先看到的展示桌上，擺放著河北新報社的《巨大海嘯來襲：三一一大地震》，以及三陸河北新報社的《大海嘯襲來：石卷地方真實紀錄》，旁邊還堆放著東京報社與出版社推出的攝影集。每一本攝影集都熱賣數百萬冊，在教科書銷售期結束後，成為書店經營的最大支柱。

儘管如此，這本《宮城．福島樂海釣：從空中俯瞰最佳釣點》並沒有跟其他地震相關書籍放在一起，AKEBONO店還是按照過去的做法，將它一本本堆在「戶外用品」的雜誌專區裡。由於自己也是受災戶，同時擔任災區石卷市書店的店長一職，從這個做法不難看出津田店長的心意與體貼。

津田昌彥店長

人不能只靠麵包而活

當時 YAMATO 屋書店在石卷市開了四間分店，三月十一日的海嘯重創了其中三家店，AKEBONO 店是這個時期唯一恢復營業的店面。換句話說，目前石卷市內的主要書店只剩下前頁介紹的金港堂石卷店，以及免於淹水災害的 AKEBONO 店。

三月十一日那一天，津田店長到中里地區的總店開會，沒想到就在那裡遇到了地震和海嘯。他一聽到海嘯警報，立刻與總店同事躲到附近的居家 DIY 修繕中心「Homac」二樓避難。

傍晚時分，從港口方向傳來一陣沙沙聲，下一秒海嘯立刻湧來，黑色的海水一步步吞噬總店。

津田店長在 YAMATO 屋書店服務了二十九年，每天都跟值得信賴的員工與夥伴朝夕相處，現在的他只能茫然地望著被海嘯奪走的珍貴回憶。

「直到四天後自衛隊開船過來救我們，我們才得以離開 Homac。後來跑到店裡查看，只覺得自己好沒用。掉落在地上的書已經救不回來了，還放在架上的書也因為泡水膨脹，完全卡在書櫃裡，怎麼拉都拉不出來。我真的好沒用，只能眼睜睜看著地震與海嘯奪走這一切……。」

AKEBONO店是四家店中唯一倖存的店，身為店長，無論內心感到多悔恨、多悲憤，他還是得打起精神，讓書店重新營業。

三月三十一日，AKEBONO店比金港堂石巻店早了三天重新開門。

津田店長感到坐立不安。從前一天半夜，旁邊的伊藤洋華堂就開始有民眾排隊，等著購買食物。他忍不住想，現在還有很多災民連食物都沒有，這些人會來逛書店嗎？

就像之前介紹過的書店老闆與店長一樣，津田店長也無法肯定現階段災民是否需要書店，抱持著半信半疑的心情恢復營業。

「沒想到店門一開，就有許多客人上門。剛開始書店只從早上十點開到下午兩點，開店前，店門口就已經排了好多人；開始營業之後，店裡又擠得寸步難行。看到客人從人牆後方伸出手拿雜誌的景象，我充分感受到『人不能只靠麵包而活』這句話的道理。」

店裡的庫存只剩下地震之前進的貨，由於經銷商已停止送貨，因此書賣得愈多，架上商品就愈顯得零零落落。儘管如此，在恢復營業三個多月的這段期間裡，該店創造了比平時高三到四倍的營業額。

「在災區攝影集出版之前，出版社推出了許多以『心靈療癒』為主題的心理衛生書籍。以前都進五十本的《寶島少年》，現在得進四倍的量才行。一開始賣最好的是月刊雜誌、週刊雜誌與漫畫；接著是實用書、文藝書以及參考書。由於這附近沒有其他店有賣書，因此我們的營業額可說是一飛衝天。」

以地震為主題的週刊雜誌與攝影雜誌創下熱銷盛況，先前提到的《宮城・福島樂海釣：從空中俯瞰最佳釣點》一直維持穩定的銷售量。此外，同樣以地震前災區街景為主題的攝影集《石卷・東松島・女川：今昔寫真帖》，也是另一個亮點。這本書價格相當昂貴，一本要價一萬一千日圓，短短時間內已售出八本。

海嘯過後，諸如《二七九道八十圓與一百圓省錢料理》等食譜的銷售量也不斷開出紅盤。或許是因為大多數房子的一樓淹水，放在廚房的食譜都被沖走，所以婆婆媽媽們只好到書店買新的。不僅如此，許多女性為了在避難所中，可以安靜地從事自己的興趣，也會到書店購買《鉤針編織：新手基礎入門集》之類的手作編織書。

不過，雖然店裡人潮很多、生意很好，但有件事一直讓津田店長無法忘懷。他每週有三天必須開車到市區，將新書與雜誌送到當地圖書館。有時候會在路上看到某個景象，這個景象在他的腦海裡揮之不去。

「送完貨要回書店的途中，通常我都會在同樣是災區的中里地區附近，看到手中拿著很多東西的老爺爺、老奶奶緩慢地走在路上。

有一次我看到一名老人家一手拿著一袋食物，另一手則的袋子印著我們書店的 LOGO，裡面裝著沉甸甸的書……。以老人家的腳程來說，從那個地點走到 AKEBONO 店至少要三十分鐘。加上外環道附近有平交道，那裡還有很陡的坡道，路途很不好走。儘管如此，他還是不辭辛勞，走到書店買書。」

這個現象讓他看到了一個問題點——只要中里總店一天不開門，受災的市中心就沒有書店。那些車子被沖走或原本就沒有車子的災民，只能不辭千里地走到 AKEBONO 店買書。

他一直在想老人家手中的袋子裡裝了什麼書？會不會一次買了好幾本災區攝影集，要隨著感謝函寄給來信慰問的親友？或者是……。

津田店長回到店裡之後，立刻向社長阿部博昭先生報告剛剛看到的景象。

就在這件事發生後不久，東販東北分公司的分店長三浦敏先生打電話給津田店長，問他願不願意開一間青空行動書店。

比平時成長三到四成的營業額

時間往前回溯幾個星期，從黃金週結束後的五月中旬起，「行動書店」輪流在氣仙沼市、石卷市與鹽竈市三個地區各開一個星期。

東販的石川二三久先生與三浦敏先生早在地震十一天後，也就是三月二十二日，想到了「行動書店」這個點子。他們兩人就是在BOOKPORT NEGISHI猪川店恢復營業後，一起前往該店利用人海戰術，以手持式終端機統計出書店庫存的搭檔。仙台市和三陸沿岸有許多書店都由他們負責經銷，為了協助受災書店重新站起來，他們積極扮演核心角色，四處奔走。大型書店「丸善」在仙台車站前的商業大樓「AER」裡有一家分店，他們在那裡親眼目睹了一件事，更加強了他們想要重建書店的決心。

三浦分店長說：「那個時候很難買到食物，我們自己也經常在工作時打電話給家人，告訴他們哪間超市有開。所以我們一直認為現在就算書店恢復營業，應該也沒什麼客人會去逛。」

沒想到，就像之前介紹過的書店一樣，丸善AER店也擠滿了前來買書的災民。那個時候已經停止新雜誌的配送，架上擺的全都是三月十一日以前的商品。儘管如此，店裡還是湧進一大群揹著背包的客人，不斷來買書與雜誌。

東販負責東北地方共三十八家書店，營業面積高達三千六百坪，卻受到三月十一日的地震與海嘯影響，完全無法開店。受創最嚴重的是氣仙沼市與陸前高田市，這兩個地方的所有書店都被海嘯沖毀。仙台車站前除了丸善AER店之外，只剩這幾年與丸善成為同一個集團旗下子公司的淳久堂書店的仙台LOFT店與仙台總店。事實上，這裡是仙台市的書店激戰區，紀伊國書店也在離此處有些距離的太白區長町展店。不過，三月底時淳久堂的仙台LOFT店與仙台總店都還沒恢復營業。

「雖然那天只營業了四個小時，從上午十一點到下午三點，但後來我們了解了AER店的營業額之後，發現竟比地震前的平日營業額還高。可能是因為附近書店都沒開的關係吧！無論如何，看到許多客人排隊買書的景象，我認為我們可以做到更多。災民們是真心想要買書，災區比我們想像中更渴望書本的魔力，那一刻我們深深感受到這一點。」

看到許多客人造訪書店的盛況，讓他們兩人更堅定了「一定要送書到完全沒有書店的地區才行」的想法。

位於仙台市若林區的東販東北分公司，宣布仙台市內的書店可望恢復營業的消息之後，所有員工無不騎上腳踏車四處奔走，開始為重新開店做好準備。這次還將與同是大型經銷商的日販公司合作，兩家競爭對手為了相同目標放下各自立場，一起合作。

就這樣從三月到四月，他們不斷針對災情實施應變措施。到了五月份，除了濱通部分地區之外，包括岩手、宮城與福島的物流網絡已趨於穩定。就在此時，石川部長與三浦分店長提議的「行動書店」開始在氣仙沼市正式營運。營業期間為五月十六日起的一個星期，第一次的營業地點是宮脇書店氣仙沼店。

宮脇書店氣仙沼店

氣仙沼市人口大約有六萬八千人，這次的天災重創了漁港到市中心一帶。位於朝日碼頭岸邊的石油聯合工廠也被海嘯沖毀，鹿折地區發生大規模火災，再加上地層下陷的關係，滿潮時整條路上都淹滿了水。

宮脇書店氣仙沼店位於魚市場前，是當地最大的書店。受災書店當時雖然有二十三萬本書，但也全被海嘯沖走了。過去因附設咖啡店而成為當地居民聚會場所的書店，如今也只剩下鋼筋骨架。

宮脇書店董事長千田滿穗先生如此說道：「地震導致地層下陷，使得周遭地區都沒辦法再蓋房子。就算我們想要修復店面重新營業也不可能，不過，每次遇到朋友和以前的客人，他們都會鼓勵我重新開店。於是我決定一定要做些什麼才行，剛好就在四月底，東販的石川部長提出了『行動書店』的構想。」

千田先生原本是三菱汽車的經銷商，後來與妻子紘子女士於一九九七年加盟宮脇書店，開設了氣仙沼店。

千田先生從年輕時就在氣仙沼市成立汽車經銷商，更在仙台市內開設分店，不只是當地名人，也是氣仙沼市振興會議的委員之一。他每天都穿著工作人員的制服外套辛勤工作，為人親切溫和。不過，一提到振興氣仙沼市，他立刻慷慨激昂地表示：「振興地方不能只是說說，而是要實際行動，鼓勵開店。早日重建被沖毀的店鋪，恢復往日榮景。」

幸運的是，他很快就想到了開設臨時店鋪的候選場地。當他聽到石川部長提出行動書店的構想時，立刻思考在書店母公司，也就是汽車經銷商前大型停車場舉辦的可能性。只要在空地架起帳棚，設立臨時賣場就可以開店了。

東販東北分公司也提出支援計劃，所有商品由東販提供，而且收入全數歸書店。每天早上由東販東北分公司派貨車運送商品，所有書籍都放在折疊式塑膠箱裡展示販售。而且還會派東北分公司的員工到現場幫忙賣書。千田先生接受了石川部長的行動書店計畫，共同著手開店事宜。

決定開設行動書店後，千田先生立刻在當地報紙刊登廣告，第一天從開店前一個半小時就已經有人在排隊。

千田先生與趕來幫忙的前店員在隊伍中看到了常客們面帶笑容，異口同聲地說：「我們等這一刻等好久了！」客人熱烈的迴響，讓他們感到十分欣慰。

「第一天就創下了四十七萬的營業額，反應真的很好。」千田先生回憶起當天盛況。「還有客人一次買了四十本攝影集，說要連同感謝函一起寄給親友。」

石川部長也表示：「受到道路現況影響，那個時候四噸大貨車還不能通行，我們只好將所有暢銷書全部塞進兩噸貨車裡，每天早上送貨。地震攝影集熱賣了好幾百本，每天的平均營業額差不多是三十四萬日圓出頭。換算成十坪、二十坪的店面，差不多是三到四倍的營業額，成效相當驚人。」

千田先生在經營行動書店的過程中，更堅定了「重建書店，恢復原有樣貌」的決心。開書店並不是一門賺大錢的生意，不過，在滿是碎石的停車場擺出一箱又一箱的書販售，客人們絡繹不絕地前來買書。營業時間只有一星期的行動書店，讓他深刻感受到小鎮書店責無旁貸的特殊角色。

人天生就有求知欲

繼宮脇書店氣仙沼店之後，第二週行動書店由 YAMATO 屋書店接手。第二週也呈現出與第一週相同的熱烈景象。

誠如前頁所提到的，由於石巻市中心的書店全被海嘯沖毀，因此阿部昭博社長與三浦分店長討論之後，決定選在中里地區過了石巻車站的市區開設行動書店。那裡正是金港堂舊址所在的立町商店街一角，也是創業邁入七十週年的 YAMATO 屋書店開業的地點。

「我們利用位於災區中心點上的書店停車場開店，在營業的一個星期裡，好幾天都遇到下雨，即使如此，還是有很多顧客上門。」回想當時的盛況，津田店長不禁露出笑容。「有些是一家人一起來逛，小朋友買童書與漫畫，媽媽買實用書，爸爸則專心尋找與個人興趣有關的書籍。在石巻市創造排隊人潮的商品不再只有食物，想要買書的人潮也排出一條長長人龍。不只是我，所有書店員工都在這場活動中感受到地區書店扮演的角色。」

投注全部心力重建氣仙沼市與石巻市，並協助開設行動書店的石川部長和三浦分店長，也跟津田店長一樣，在整個過程裡感受到相同心情。

「開設行動書店時，我們遇到許多客人詢問有沒有某本書，跟客人說AKEBONO店有庫存，可以去那邊買，可是很多人都說他們沒車，就放棄了。第二天早上，我們趕緊從書店調他們想要的書，親手交給他們。

每一位來行動書店的客人都會在這裡逛很久，儘管地方不大，他們還是會在書架前來回走動，與YAMATO屋書店店員聊起海嘯的事情。賣的最好的商品是感謝函與書信大全、考摩托車駕照的專業書籍、住宅修繕與法律顧問書等等。此外，在避難所大家都是用紙箱隔出個人的生活區域，這種生活過久了就會想做一些事打發時間，於是許多婆婆媽媽會來買編織毛線的書，所以這類書籍也賣得很好。」

在宮脇書店氣仙沼店舉辦的移動書店吸引眾多人潮，完美落幕。（五月十六至二十一日）

這種現象讓他們忍不住思考，在行動書店感受到的「活力」究竟是什麼？無論是丸善ＡＥＲ店、宮脇書店氣仙沼店或YAMATO屋書店，光從三到五月的營業額即可發現，人們到書店來並不只想「獲得資訊」而已，這個事實也是令三浦分店長深深感動的原因。

儘管如此，分析書店營業額的內容，發現所有類別都賣得很平均，沒有特別突出的項目。童書、商業書與小說等各種類別都很暢銷，來店客詢問度最高的書種則包括圖鑑、字典、教科書、實用書與文庫本，涵蓋範圍相當廣泛。

「與地震有關的雜誌和書籍是現在最熱賣的商品，我們覺得這個結果很合理。不過，地震初期不是只有這些書熱賣，各種類別的書都有客人詢問，對於這樣的現象，我只能以『人天生就有求知欲』來解釋。」

紙本書依舊充滿力量，具有不可思議的魅力——身為書籍工作者，在「行動書店」的現場獲得的感受，令他們不禁湧現出這種感覺。

「地震之後，我去災區到處探訪書店，一路上讓我不斷想起自己進入這一行前，對書籍懷抱的夢想與信念。」石川部長接著說道：「這些都是平時忙於工作而忘記的事情，以及深藏在內心深處的情感。身為經銷商，我們沒有機會與客人面對面接觸，所以一看到客人搶著買書的情景，以及災民們渴望書本的魔力，更讓我們體會到、感受到這份工作的社會使命與意義。相信在這個過程中，我們公司的員工也都有相同領悟。」

從五月中旬展開的行動書店計劃，最後一站選在宮城縣鹽竈市旭町。

從 JR 仙石線本鹽釜車站步行十分鐘，位於鹽竈市公所後方、開往國道四十五號的道路旁邊，有一棟小巧的紅磚建築物。直到四年前為止，這裡還是名為「寶文堂」的書店。我在六月造訪此處，行動書店正在這棟建築物裡營業。

全盛時期的寶文堂，在宮城縣仙台市周邊地區總共開了七家分店，如今已全部歇業。只剩負責販售教科書的直銷事業部從書店體系獨立出來，改名為「寶文堂書籍服務公司」。這棟位於鹽竈市旭町的兩層樓建築物，每年只在迎接新學期的時期用來展示銷售教科書。有鑑於此，這次特別選在二樓開設行動書店，將所有書籍與雜誌分門別類地收在折疊式塑膠箱裡，以方便顧客選購。

有別於宮脇書店氣仙沼店與 YAMATO 屋書店，寶文堂的行動書店人潮並不踴躍。

對於這個現象，直銷事業部的千葉順也部長如此說道：「鹽竈離仙台市很近，這是我們跟氣仙沼市與石卷市不同的地方。」

即使如此，一到下午，上完課的三、四名小學生沒有直接回家，跑來這裡追逐玩耍。還有男同學拿出剛買的《航海王》漫畫，坐在書店前的步道上看得津津有味，他的同學也坐在他身後一起看漫畫。另一名扮成漫畫主角「魯夫」的男同學，從二樓窗戶探出頭來，對著樓下看《航海王》看到入迷的同學惡作劇，大叫一聲，寧靜的街頭響起了男孩們天真的笑聲。

「下次什麼時候還會再開？」

千葉部長娓娓道來寶文堂歇業的過程，從這一席話裡，可以清楚看出小型地區書店嚴峻的經營現況。

「最直接的原因就是沒有接班人，而且鹽竈店一直處於入不敷出的狀況。我們獲選為教科書經銷店，總是靠教科書的營收打平書店虧損。再加上這裡的上班族群大多在多賀城市或仙台市工作，即使是當地居民要買書，也會開車去郊外型店鋪或是到仙台市的大型書店購買。」

自從四年前書店歇業之後，每次出去跑客戶，許多老師、公家機關職員以及當地居民都一直向他表達「希望書店能重新營業」的心願，正因如此，他才決定開設行動書店。

「我從三十年前進入寶文堂就一直做業務工作，這四年來雖然書店關了，我還是不斷在外面跑客戶，推銷教科書與輔助教材——」他頓了一會，接著又說：「但這樣的經營模式我一直覺得好像缺少了什麼。老實說這四年來公司是賺錢的，我不用向銀行貸款在市郊開店，收掉書店反而是正確決定。可是我也明白顧客需要的其實是書店。」

最後扭轉局面的關鍵原因就是三一一東日本大地震。

寶文堂直銷事業部的倉庫設在東販東北分公司的三樓，所有商品安然無恙，員工也毫髮無傷。後來聽說許多災民為了買書而在書店大排長龍，可惜寶文堂沒有店面，縱使知道災區需要書，他們也無計可施，只能在一旁乾著急。

正因如此，當石川部長向他提出行動書店計劃時，千葉部長覺得這是上天賜予他的使命，他一定要再試一次。

行動書店大約開幕一個星期後，千葉部長每天都聽到當地民眾這麼對他說：

小學生站在寶文堂書籍服務公司臨時販賣所前，專心看著漫畫書。

「我從小逛寶文堂逛到大，後來關掉時好傷心喔」、「下次不要短期營業，開真正的書店吧」、「下次什麼時候還會再開？」……。

「只要沒有車，鹽竈市的老人家與小孩就無法去書店。一想到他們的需求，未來我可能會定期開設行動書店。」

隨著夕陽西下，孩子們也陸續回家。

紅磚建築物前的人潮依舊稀稀落落，兩名東販派來支援的員工站在一樓櫃檯前。

千葉部長回想起當年的情景，對我說：「對了，四年前寶文堂關門時也是現在這個季節。」在經歷過大地震與行動書店的嘗試之後，懷念往昔時光的他又開始感受到書店擁有的神奇魅力。「就算只開一家店也好，我會好好考慮重新開一間真正有實體店面的寶文堂。」

據說他現在已經開始在摸索開店的可行方案。

誠如石川部長的體會，在開設行動書店的過程裡，看到孩子們聚集在書店前的這一幕，也喚醒了千葉部長「對書籍懷抱的信念」，行動書店就像這樣點燃了另一名「書店店員」的熱情。

「出版社都在等紙」

日本製紙石卷工廠・倉田博美廠長

位於宮城縣石卷市的日本製紙石卷工廠，是該公司最大的紙張生產據點。工廠位於臨石卷灣的舊北上川沿岸，占地面積約一百一十一萬平方公尺，二〇一〇年度大約生產了九十六萬噸的紙。此處生產的紙大多用來印製週刊雜誌與書籍，地震剛發生時，整個出版業都很擔心海嘯造成的災情會讓市場缺紙，無法再印雜誌。

當時的廠長倉田博美先生，回憶起工廠受災的慘況如此說道：

「整個廠區的十八棟住宅、兩百一十輛車以及存放紙品的五百七十個貨櫃全都變成一堆碎石瓦礫。紙筒以及存放在港口的舊紙隨著海嘯四處漂流，從發電設備到機器馬達無一倖免，全被沖毀。剛開始進入廠區查看時，我拚命壓下工廠可能報銷的悲觀念頭，想盡辦法找出恢復營業的方法。」

四月六日，廠長帶著員工開始清理工廠，自衛隊也在廠區尋找下落不明的員工。在這段期間裡，連同工廠員工與協力廠商的員工，大約有兩千人一起協助清理。使用重機械清除瓦礫，再用挖土機挖出堆積在建築物裡的污泥，在汽車綁上繩子，一輛輛拉出來——執行清理作業的員工之中，不少人是失去家園的受災戶。

一直到半年後，也就是九月十六日，石卷工廠才開始真正地生產紙張。雖然地震初期看到工廠慘況，市場上不斷傳出「工廠可能就此停業」的傳聞，幸虧最核心的抄紙機放在廠房二樓，因此倉田廠長表示，只要想辦法修復放在一樓的機器即可。

「我們全部更換新的控制儀器，再用溫水與蒸氣清洗馬達，並將所有機器送到北至北海道、南至九州的業者處修理。」

設置在石卷工廠裡的八台抄紙機中，最先修復的是用來製作書籍用紙的八號機。

「由於出版社都在等紙，他們說一有紙就要買，因此我們才會決定先修復八號機。」

三月引發的海嘯除了侵襲日本製紙石卷工廠之外，位於八戶市沿海地區的三菱製紙八戶工廠也傳出嚴重災情。兩間都是東北地方很重要的製紙工廠，同樣製造書籍使用的高級紙，以及雜誌照片內頁與廣告傳單常用的銅版紙。雖然某些產品可以從其他工廠或製造商轉調，補齊不足的數量，但這兩間工廠都有無可取代的獨家紙品。石卷工廠之所以要趕緊修復八號機，也是為了滿足在選紙上不願妥協的出版社的需求。

「書籍用紙要有較高的不透明度，才能避免透印現象。而且雖然有厚度，重量卻較輕。因此，一定要使用絞碎原木製成的磨木紙漿，還要精密調整原料比例。八號機是唯一能因應客戶需求，改變表面塗層原料以及原木絞碎方式的機器。」

在正式生產的前兩天，相隔半年之後再次啟動抄紙機時，倉田廠長與同事們全都屏氣凝神地看著。當機器捲起純白色紙張的那一刻，員工們都熱淚盈眶，緊握著彼此的手，開心慶祝八號機修復成功。

隨後石卷工廠的其他抄紙機也依序修復，二〇一二年五月，七號機順利上線，此時工廠的生產狀況已恢復九成。另一方面，受到紙張需求比地震前少的影響，有兩台抄紙機直接停工，隨著預估產量銳減，工廠也不得不裁員。同年八月，「N2-2C /R」的生產設備重新運轉，石卷工廠的「重建」計畫才算完美落幕。

chapter

4

淳久堂的「阪神」與「東北」

在專心看漫畫的過程中，逐漸恢復童真表情

對於地震後還在書店工作的店員與書店經營者而言，儘管面臨嚴重受創的災情，還不斷到書店來買書的災民心聲，是他們恢復營業最重要的心靈支柱。所有書受到激烈搖晃而從書架上掉落一地，又因為海嘯侵襲變得泥濘不堪。甚至有許多書店整棟建築物被沖毀，但他們依舊默默地清理店面，重新擺放書籍，有些店家則架起帳棚當作臨時店面。

人們究竟是為了什麼而到書店來？

有些災民的車被海嘯沖走，所以需要二手車雜誌；有些災民的家淹水了，需要居家翻修裝潢雜誌，或是租屋情報雜誌，尋找一個安身立命的臨時住所；也有人收到來自日本各地的親友與義工各種物資支援或加油打氣，於是到書店來購買《謝函範例大全》，以及隨信附上的地震紀實攝影集。書對災民來說，是生活中的必需品。

此外，我在前頁也數度提及，地震過後一到三個月之間，災民們來書店購買的不只是「能幫助維持日常生活」的書籍與雜誌，有時候他們需要的是超越「資訊」層面的心靈滿足。

其中最具代表性的就是，位於仙台市青葉區的鹽川書店。老闆特別商借了一本《寶島少年》，讓孩子可以在書店盡情閱讀。這件事後來被報導出來，掀起一陣討論話題。

鹽川書店的老闆鹽川祐一先生親眼見證了在這段期間發生的奇蹟，這麼對我說：「孩子們在我的書店裡都會覺得很安心，很多媽媽告訴我，就是因為想要看到孩子安心的表情，才會帶小孩來我的書店。」

接著又說：「有一次我去附近超市買食物，排隊排了兩、三個小時，在排隊的過程中，許多熟客不斷問我：『書店什麼時候恢復營業？』一問之下才知道，自從地震發生之後，他們的小孩每天晚上都哭。半夜打開電視，全都在播放驚悚的新聞畫面，孩子們都嚇到發抖。所以父母們很希望能到書店買漫畫或卡通回去給孩子看，為了滿足父母們如此懇切的心願，才促成了『免費漫畫』的服務。」

在恢復營業不久之後，書店裡來了一位男性顧客，他手中有一本在山形縣書店購買的《寶島少年》，鹽川先生見狀，鼓起勇氣向前詢問：「您手上的這本漫畫好像已經看過了，如果方便，是否可以放在店裡讓小朋友免費閱讀？」對方欣然同意並留下漫畫，老闆便在店門口貼了一張告示，寫著「內有免費寶島少年提供閱讀」。許多媽媽看到這張告示，紛紛帶著小孩來書店。當時剛好有朝日新聞的記者到沿海地區採訪，看到鹽川書店的現況，便在三月二十六日的晚報刊登〈終於看到航海王了〉、〈一本漫畫傳閱百人〉等報導。

「免費看漫畫的孩子們對我露出的笑容，讓我很慶幸做了開店的決定。直到看見孩子的笑容，原本很擔心小孩心情的父母才放下心中的一塊大石，我也很開心能為他們付出一點心力。甚至還有媽媽在雅虎網路新聞看到報導之後，開了一個半小時的車來書店。父母們的唯一希望就是讓害怕餘震的孩子，能平復下心情。孩子們之所以想看《寶島少年》，不只是想看連載漫畫的劇情發展。他們因地震受到驚嚇，卻在專心看漫畫的過程中，再度變回一個純真的孩子。看到他們如此大的轉變，讓我再次感受到漫畫蘊藏的力量。」

為心靈充電的工具

在這段採訪過程中，我也遇過有以下這種感想的書店店員。

開設於仙台車站前「LOFT」七樓的淳久堂LOFT店，比丸善AER店晚了兩個星期左右，才得以進入LOFT。不過，他們很快就恢復營業。

在該店工作的店員佐藤純子小姐道出了自己的看法：「我覺得災民們想買書的原因，應該是想重拾原本的生活，回到那個有書為伴的日常時光。」

她接著又說：「電視新聞與報紙一直播出海嘯侵襲的影片以及令人憂慮的消息，我同意那是很重要的新聞，但災民們還是需要其他不同的東西。發生地震之後，有一段時期外界紛紛提出節制消費、減少娛樂的訴求，所有人都要為災民盡一份心力、讓他們感到開心。可是，承受嚴峻現況的考驗，對抗殘酷現實的挑戰需要堅強的力量。書籍就是培養這股力量最重要的助力。」

地震發生之後的每一天，所有人都要互相扶持、手牽著手才能度過。報章媒體不斷歌頌東北地方居民互相扶持、心手相連的生存之道，儘管身處在嚴酷的災區，災民們還是希望能為他人付出，並以實際行動傳達這項理念。

我沒有反駁這個理念的意思，不過，每個人還是有熱愛孤獨的一面。有時只想一個人沉浸在自己喜歡的故事或嗜好之中，想要擁有自由，去做自己喜歡的事情。她以與生俱來的沉穩語氣說：「在災區過著避難生活，不得不隱藏『只為自己』的想法，正因如此，很多人才會想要買書，擁有『可以進入一個人的世界，為心靈充電的工具』。」

接著，她又進一步闡述：「我要更加努力，我要與他人齊心協力，為了大家我要更加振作——當這樣的想法成為主流，就會讓人很難為自己做些什麼，或是擁有一個人獨處的時間。所以我認為，讀書就是為了要創造這樣的時間。即使不買書，在書店選書也是為自己做些什麼的行為，可以度過更有意義的時光。或許這個行為並不能改善受創甚深的現實生活，也不能成為心靈支柱，不過，卻可以讓災民稍微放慢腳步，好好放鬆一下。」

相信書的力量是讓她在地震過後還能像以前一樣堅守崗位，最亟需的支柱，這也是書店扮演的角色之一。

佐藤小姐出生於福島縣靈山町（現為伊達市），從仙台市的教育大學畢業後，十年前開始進入淳久堂書店任職，當初純粹是因為喜歡賣書而成為書店店員。小時候地區商店街只有小書店，所以她最期待爸爸媽媽帶她去鎮上的大型書店。家中房間裡的書櫃陳列著一整排講談社青鳥文庫《嚕嚕米》系列，這是以前慢慢收集來的，也是她最自豪的收藏品。

大學畢業後，佐藤小姐並沒有去做正職工作，而是在店裡打工，她的好朋友建議她可以去考淳久堂書店的簽約員工錄取考試。

「面試結束後，走出來才發現將圍巾忘在裡面，趕快跑回去拿，主考官看到我就問我：『妳能不能今天就把頭髮染回黑色？』於是我在回家途中買了染髮劑，第二天就開始上班。從此之後，我就一直擔任書店店員，長達十年。同一份工作做了十年，就代表這一路上我從來沒想過做其他工作。在書店裡書本成為商品，我發現生活中有書的人，彼此會因為有著同樣愛書的相近想法而成為好朋友。我很喜歡這種感覺。看書時是一個人，卻能以書為原點，與更多人結緣。由於有了書店，人們才會聚集，才會有寫書的作家以及賣書的店員，這種感覺真的很特別。」

若是只為了買書、收集資訊，現代社會網路相當發達，人們根本沒必要特地到書店來。某種程度上，從她的一席話中可以發現，「書店」這個地方在不同場合會變成當地居民聚會的「公共場所」。

佐藤小姐任職的淳久堂仙台總店位於商業大樓「EBeanS」裡，她進入這一行時，正是仙台市內大型書店爭奪市占率最激烈的時期。過去仙台市內的國際連鎖書店只有丸善書店，而且還開在離車站有些距離的一番町上。但自從一九九七年紀伊國屋書店進駐「THE MALL 仙台長町」之後，淳久堂仙台總店也於同年開店，這間店也是她第一個服務的淳久堂分店。

二〇〇二年，丸善書店從一番町遷移至現在的 AER 店；隔年，淳久堂書店又在LOFT成立分店。一時之間，車站前成為大型書店的兵家必爭之地。

不久之後，佐藤小姐從仙台總店轉調到LOFT店，不僅集結東北地方出身的作家作品，舉辦促銷活動或陳設賣架，更為地區出版社的出版品設立專區，參與許多以書為主題的活動，為活絡當地書市做出極大貢獻。

「遺憾的是，有些當地居民說，自從像淳久堂這樣的大型書店進入仙台市之後，小型的地區書店就一個個消失了。」接著她又說：「不過，透過持續在本地舉辦各種活動，慢慢讓當地居民了解我們也是本地人，跟大家一樣喜歡仙台這個城市。最近好不容易才讓大家感受到這一點。」

「城市的溫度」升高了

地震發生的那一天，逃生警示燈的橘色燈光在店內閃爍，佐藤小姐拚命疏散顧客。有些客人還因為不想踩到掉在地上的書，在一旁不知所措，她跟對方說「踩過去沒關係」，並立刻帶著客人到緊急逃生梯。疏散所有客人後，她又回到店裡敲每一個書櫃，確認有沒有人被壓在下面。

由於地震後大樓封鎖，有一段時間她在家裡待命，無法工作。期間還去幫忙從去年展開業務合作的丸善AER店整理店面，協助他們恢復營業。不過，每天生活在缺乏食物與飲用水，而且還沒有電的城市裡，也讓她逐漸感到灰心，她說：「身為書店店員，在這個時候一點用處也沒有。雖然現在很多出版社都推出地震相關書籍，但當時我每天都在想，書真的是最沒用的東西。與我同年齡的朋友都在當義工，我這位書店店員卻完全無能為力，感覺很沮喪。」

在丸善AER店恢復營業之後，淳久堂LOFT店也在四月四日重新開店。當時他們並沒有公告重新開店的消息，一開門客人卻絡繹不絕地上門。她也親眼見證了許多災民迫不及待，爭相走進書店的情景。有些客人穿過架在書櫃前的繩子，拿取想買的書，也有人如往常一樣，到書店買漫畫、小說。

「佐藤小姐，還好妳沒事啊！」當一對認識的老夫妻向她打招呼時，她忽然覺得自己釋懷了。她說：「我覺得城市的溫度升高了，變得好溫暖。我有更多機會與顧客交談，向客人推薦某本書時，他們對我道謝的頻率也變多了。或許是因為我們都經歷過地震的關係吧！總覺得每位客人都變溫暖了……不知不覺間，我又像以前一樣賣書賣得很開心。」

她想起恢復營業的當天早上，店長小澤成先生在晨會時說的話：「淳久堂恢復營業能讓仙台市充滿活力，當我們重新站起來時，也為這座城市帶來力量。」

佐藤小姐繼續說道：「不可諱言的，重建並不是一蹴可幾的事情，但我會堅持下去，因為這一路我就是這麼走過來的。大家都說仙台市恢復得這麼快，已經走出災區的陰霾，但乍看之下整齊潔淨的街道上，還留著許多受創的痕跡，而且我們心中還存在著地震的陰影。我希望能借助書籍的力量、借助語言的力量，最重要的是，只要我們充滿希望，就能拭乾人們的淚水。

在地震相關書籍還沒到貨之前，所有類型的書，無論是漫畫、娛樂小說與雜誌都賣得相當好。曾經經歷過阪神大地震的倖存者跟我說：『那個時候賣得最好的是具有訊息性與社會性的書籍，所以妳也要好好思考接下來該賣什麼書。』不過，當時熱賣的書卻跟以前一模一樣。正因如此，我告訴自己，我還是要堅持過去的做法，當一個快樂的書店店員。跟以前一樣的我還在這裡，跟以前一樣的書也在這裡等著迎接顧客。我第一件要做的事情，就是陳列出讓客人感受到『有書店為伴的日常生活』的展示書櫃。現在的我終於能思考這樣的事情了。」

阪神大地震的「記憶」

佐藤純子小姐任職的淳久堂書店，加上同為集團一分子的丸善書店，在仙台市總共有四家店面（地震當時為三家店）。此外，淳久堂書店在秋田、盛岡與郡山都有店面，這些店全都因為三月十一日的地震停止營業。在一片荒蕪中，丸善AER店在地震過後不到兩星期便恢復營業，淳久堂書店也是積極重整東北地方分店，重新營業的大型書店之一。

為什麼丸善書店與淳久堂書店會如此急於恢復營運？除了像佐藤小姐這樣的書店店員抱持的「書店派不上用場」的無力感之外，淳久堂的工藤恭孝會長也認為災區需要「書店」這個空間。在東北地方遭遇地震侵襲之後，沒有人比他更清楚書店在災區扮演的角色。

我到仙台車站前造訪淳久堂LOFT店時，就看見他展現出「大阪商人」的氣魄，以堅定的口吻指揮現場。

「不管恢復多少，明天一定要開門營業！」

位於LOFT七樓的店鋪牆面，有一個區塊龜裂得很嚴重，還有好幾個書櫃整個倒在地上。店長聽到會長的指示，不禁覺得這是不可能的任務，即使如此，會長還是又再說了一句：「你辦得到吧？」

地震剛發生時，仙台總店所在的商業大樓「EBeanS」立刻封鎖，禁止人員進入，LOFT店也一直無法預估何時才能恢復營業。

雖然位於仙台車站隔壁的丸善AER店早就開始營業，但工藤會長一點也不覺得「LOFT店可以慢慢來」。

「當初我下達恢復營業的命令時，有些書店店員很懷疑這個時候能開門做生意嗎？再加上大樓的管理中心遲遲不開放大樓，他們也認為在這個節骨眼上開店，一定不會有客人上門。不過，我還是要求店長繼續跟管理中心溝通，我告訴店長：『我知道管理中心不願意積極處理這件事，但你一定要告訴他們，現在災民們最需要的就是書，請務必讓我們開店，就算整棟大樓只有我們營業也無所謂。』我希望LOFT店也要儘早開店，所以要求店長開門就對了，只要恢復營業就能體會我的用心。重建書店刻不容緩——」

我很想知道當時他心中所想的「書店的角色」究竟為何？在這個想法背後又有什麼故事？

為了釐清這一點，我前往東京都新宿區的丸善書店總公司，拜訪工藤會長。

工藤會長語重心長地說：「地震發生時我就在這棟大樓裡，當時晃了很久，所以我猜想震央一定很遠，可能是在東海或是東北地方。疏散所有員工之後，只剩我、淳久堂社長岡充孝等幾個人留在公司，準備打探各地訊息，可是打電話到仙台店一直沒有人接，打店長的手機也不通。

正當我們分頭聯繫時，有一名員工看了YouTube網站後，衝進來跟我們說：『你們看！這不是我們的書店嗎？』仔細一看，那是EBeanS仙台店天花板掉下來的影片。當時剛好有電視台去那裡採訪簽名會，所以影片很快就上傳到網路上了。

我們一直到下午四點半左右才掌握到丸善AER店、淳久堂LOFT店與仙台店的狀況，各店店長分別向我們回報，告訴我們現在大樓都封鎖了，禁止所有人員進入。於是我告訴他們今天先讓所有員工早點回家，明天開始再看狀況恢復營業，而且我們這邊也沒辦法加派人力過去幫忙。」

之後幾天他慢慢了解仙台市三家店鋪的狀況時，腦中想起了發生在一九九五年的阪神大地震。誠如先前所提及，工藤會長之所以下達「儘快恢復營業」的命令，背後其實隱藏著發生在阪神大地震的某個片段帶給他的強烈衝擊。

淳久堂的工藤恭孝會長

……時間回溯到十六年前，也就是一九九五年一月十七日清晨，他在蘆屋的家裡與家人一同度過驚天動地的大地震。地震後立刻停電，房子裡一片漆黑，地上散落著摔碎的燈泡，廚房餐具櫃裡的物品全部掉了出來，家中一團混亂。他帶著所有家人到二樓臥室裡，一邊安撫著擔心房子會垮掉的孩子們，一邊聽著廣播節目直到早上。

在自家南方的地區，有很多房子被震垮了。天一亮就跑來查看情況的弟弟告訴他，受到大樓與電線桿崩塌影響，國道二號目前封鎖，無法通行。

當時淳久堂在神戶市內共有三宮店、SANPAL店、神戶住吉店、蘆屋店、學園都市店、北町店等六家分店。他必須立刻掌握所有店面的受災狀況，於是立刻從車庫牽出五年來幾乎不曾騎過、早已蒙上一層灰的摩托車，從家裡騎到十公里遠的三宮店。

「我聽說國道二號無法通行，於是騎上國道四十三號，但因為阪神高速公路被地震震垮了，所以路上塞車塞得很嚴重。幸好橋主樑倒下的地方形成了一個三角形隧道，我就從那裡一路往前走。」

地震導致地層下陷，地底下有支柱的地方就相對變高，使得柏油路面高低起伏。好不容易騎過崎嶇不平的馬路，終於抵達三宮店，卻看見整棟建築物都倒了。從掉下來的拱頂底下穿過，走到店門口，發現店內整個堆滿從書櫃掉下來的書，而且無論怎麼用力都打不開緊急逃生門。

「第一天我就是這樣騎著摩托車查看神戶市內的所有店面，學園店與北町店只要移一下書櫃、重新陳列書籍就能營業；蘆屋店與住吉店則是大樓封鎖，禁止人員進入；剩下來的 SANPAL 店雖然大樓還堪用，但屋頂水塔不見了，暫時無法供水。不過，我認為沒水頂多就是廁所不能用，這個情況下或許還能開店，於是第二天立刻去找大樓管理公司商量。而且學園店與北町店是位於神戶市郊的店，市區內唯一有可能恢復營業的店就是 SANPAL 店。」

當時他之所以急著恢復營業，部分原因也是為了想要遵守照顧員工的承諾。若不儘快恢復營業，創造一定的營業額，就沒錢付薪水給員工。這是他拚了命想要扭轉的結局。

「現在想想，其實也可以不急著恢復營業，讓員工在家待命並支付五到六成的薪水給他們就好，但當時我完全沒想那些事，一心只想重新開店。」接著又說：「所以當店面整理好，書也重新上架，重新開店的日子愈來愈近時，我真的感到相當後悔，那種心情無法形容。SANPAL 店所在的神戶市中央區是災區的中心點，在沒人住的地方開書店有什麼用？怎麼說也應該要等居民都回來了，到時候再開才對啊！這麼做至少還能省下電費。」

「書店才是培養讀者的關鍵」

地震發生不到一個月，二月三日SANPAL店就恢復營業了，此時周邊毀損得較嚴重的大樓才剛展開拆除作業。

淳久堂SANPAL店並沒有對外公告要重新營業，當時的網路也不像現在這麼普及。開店時一直以為不會有客人上門，不過，當店員們在整理店面並進行重新開店的準備時，有時會遇到災民前來詢問大學聯考的考古題與參考書，以及隸屬於市公所的公家團體出版的詳細地圖。儘管店門口大門緊閉，他們卻從員工進出的後門進來，表達渴望買書的訴求。

二月三日終於來臨，工藤會長永遠都忘不了開店當天早上的情景。身為書店經營者，當天的盛況正是他決定在同年，也就是一九九五年開始進軍鹿兒島和大分市，持續開設大型書店並增加營業面積的原點之一。

「當時鐵門開到一半，顧客就迫不及待地衝了進來。而且每位客人都對書店店員表達感謝的心意，這一點令我十分難忘。」

當時工藤會長正跟其他員工一起拿著抹布，仔細擦拭店裡的地板。前來買書的顧客不只對櫃檯裡的店員道謝，也對他說謝謝……。

「如果只是要去書店，其實並不一定要來 SANPAL 店。就算是要逛淳久堂，也可以去明石店或西宮店，或是走遠一點，到蘆屋去也能買到書。揹著背包的顧客們捨棄其他選項，特地走三、四十分鐘來到災區正中心。我真的很想反問他們，我們書店有這麼值得你們費盡千辛萬苦也要來嗎？

在此之前，我一直認為書店與餐廳和超市不同，屬於緊急時刻並非絕對需要的商店類型。事實上，我只是沒有察覺到真相，並不代表我的想法一定是對的。我們有義務儘快提供書籍給顧客，有時候書籍的重要性甚至超過糧食，那一天來店裡消費的顧客教會了我這個道理。」

當時的記憶猶如昨日一樣清晰，工藤會長接著又說：「不瞞你說，過去我真的不是很看重書店的角色，不管店裡進了多少專業書籍，我們只是在做『低買高賣』的事情罷了。發生阪神大地震時，出版社有新聞採訪部門，有發言權的記者們不斷在討論『如何才能傳達災民的心聲』，唯有書店沒有發聲管道，包括所有員工在內，我們都為自己的無能為力感到自卑。

那麼多客人湧進 SANPAL 店的景象逐漸改變了我的想法，我充分感受到災民需要我們，而且我們的工作相當重要。書店經營者與店員絕對有義務盡到社會責任，出版業界的結構也絕對不是因為有最上游的出版社、經銷商，才有最下游的書店。與顧客面對面接觸，培養書籍『讀者』的關鍵是我們，那一天我深刻地體會到這個真理。我只在SANPAL店工作一天就有了這個領悟。」

那天晚上七點打烊後，工藤會長與SANPAL店所有員工一起到隔壁的臨時攤販吃飯喝酒。

有一名穿著厚外套的員工哭著說：「社長，我很榮幸能成為書店的一分子……。」

工藤會長告訴我：「那名員工後來在淳久堂擔任要職。從此之後，我們積極在沒有書店的地區展店，每天都在討論哪裡需要書店，找出應該開書店的地方。」

正是因為經歷過阪神大地震，因此二〇一一年三月十一日的地震導致東北各地分店暫停營業時，工藤會長才會想盡辦法讓書店恢復營業，他堅信這麼做是正確的。

去年（編按：二〇一二年）丸善和淳久堂書店收編至同一個集團，成為母公司「大日本印刷」旗下的兩間子公司，並促進彼此之間的人員交流。例如淳久堂的佐藤純子小姐就曾經幫忙丸善AER店整理店面，像這樣集結了淳久堂仙台本店與LOFT店的所有員工，才能讓丸善AER店很快地在三月二十二日重新營業。

工藤會長在四月分到淳久堂仙台本店視察時，曾經對二月份才從丸善書店轉調過來的店長關谷俊弘先生這麼說：「我希望你能讓每位員工都有工作目標。」

當員工們看到店內所有商品散落一地，想必內心都會感到失落，對於未來也懷抱著無法形容的焦慮感。為了穩定他們的情緒，一定要讓每個人都知道，自己是為了什麼而工作。店長必須要有明確目標，然後再與所有人分享並共同努力。

在地震發生的第二天早上，關谷店長在家裡坐立難安，跑到仙台本店所在的EBeanS前查看災情。當他來到大樓前面時，發現已經有十名員工聚集在那裡，他回想起當天的情形，這麼對我說：「大家的想法都一樣，每個人都想盡一份心力。不可諱言的，大家第一個想到的當然是自己的家人以及未來的生活。不過，當自己安頓下來之後，接下來想到的就是工作——換句話說，每個人都在思考自己該怎麼做，才能繼續當書店店員。」

當時擔任丸善 AER 店店長的五十嵐裕二先生，回想起淳久堂書店店員義不容辭前來幫忙的情景，忍不住談起大型書店進駐仙台市的歷史。

「那個時候仙台市唯一的國際連鎖書店，就是在一番町經營已久、店面空間有兩百五十坪的丸善書店。後來淳久堂空降仙台車站前一千坪的店面，這個衝擊對我們來說就像當年歐美蒸汽船駛入江戶灣一樣震撼。」

自從丸善書店從一番町搬到現在的 AER，兩家書店便展開了長期的生存競爭。即使成為同一個集團旗下的子公司，長年養成的競爭氛圍仍未消失，彼此之間總是感覺格格不入，無法完全融合。不過，地震使他們團結一心。淳久堂書店與丸善 AER 店的店員一起重建書店，共同努力恢復營業的情景，看在經歷了這十幾年城市進化的關谷店長眼裡，不禁再次見證了時代變遷的過程。

在仙台車站前大型書店工作的書店店員們，在地震過後每個人的心中都有自己的體會與想法，就這樣度過了幾個月。在這一年，繼丸善 AER 店與淳久堂 LOFT 店之後，仙台本店也重新開幕，更在七月九日依照預定計劃開設了仙台 TR 店。

「我們不是為了出版文化業或新聞媒體開業，而是為了讀者每天開門。既然如此，我希望所有經歷過東日本大地震的書店員工，都能領悟到背負在自己身上、讓每位讀者都能買到書的使命。」工藤會長接著又說：「書店就像神社的神木一樣，被砍掉了才發現它有多珍貴。以前覺得理所當然，直到失去了才想起每天都會看到，每天都在那裡玩，原來那是一個具有珍貴回憶的地方。我認為這場大地震讓所有人都發現到，書店是一個默默在那裡豐富當地居民生活的幕後推手。」

致所有關照過我們的人

您好，今年冬天真的好冷。
各位好嗎？
上次一別已經快要一年了，
究竟是快要一年還是已經一年了呢？
我有點分不清楚。
大家現在過得如何呢？
這一年發生了好多事，
有悲傷的事、也有重重的難關，
不過，不盡然都是不好的事情，
也有一些好事。
現在的生活充滿了
開心的事與快樂的事。
每天都有許多客人來店裡，
讓所有人買到自己喜歡的書，
還能與書店同事一起工作，
在那天之前一直覺得理所當然的事情，
現在覺得特別幸福。
話雖如此，地震帶來的影響尚未結束。
未來還會有許許多多
更難熬、更艱鉅的挑戰。
衷心祈禱所有挑戰與難關
都能早日結束，
讓所有人都能恢復平靜的生活。
雖然我的小小心願無法改變世界，
但，
我會堅守書店店員的崗位，
一直努力下去，
讓書成為所有人的力量。
這也是我的另一個願望。
我會在這裡、在這間書店裡
每天祈禱，讓願望成真。
希望有天還能再見。

淳久堂書店仙台 LOFT 店　佐藤純子

淳久堂書店仙台 LOFT 店　佐藤純子小姐

いつもお世話になっているみなさまへ

こんにちは。寒い寒い冬ですね。
みなさま、いかがお過ごしですか?
あれから、もう少しで一年ですね。
もう一年、なのか、まだ一年、なのか
時間の感覚が、迷います。
みなさんは、どうですか?
いろんなことがありましたね。
かなしいことや、たいへんなこと
でも、悪いことばかりじゃなくて
いいこともありました。
うれしいことや、たのしいことも
いまは、たくさんあります。
毎日たくさんのお客さまに来ていただけること
本を届けるお手伝いができること
店の仲間たちみんなと働けること
あの日までの当たり前が
いまでは特別な幸せなことに思えます。

とはいえ、震災はまだ
終わっていません。
ずっとずっと、まだまだ
たいへんなことは終わっていません。
いろんなこと、すべて
はやくはやく、大丈夫になるようにと
祈るばかりです。

私の祈りは世界を一ミリたりとも動かさないけど
それでも
本が、みなさんのちからになるように
そのお手伝いを
これからもずっと続けられたら
そう、また祈ります。

ここで、この店で、
ずっとずっと、祈っています。
ではでは、また。

ジュンク堂書店 仙台ロフト店 佐藤純子

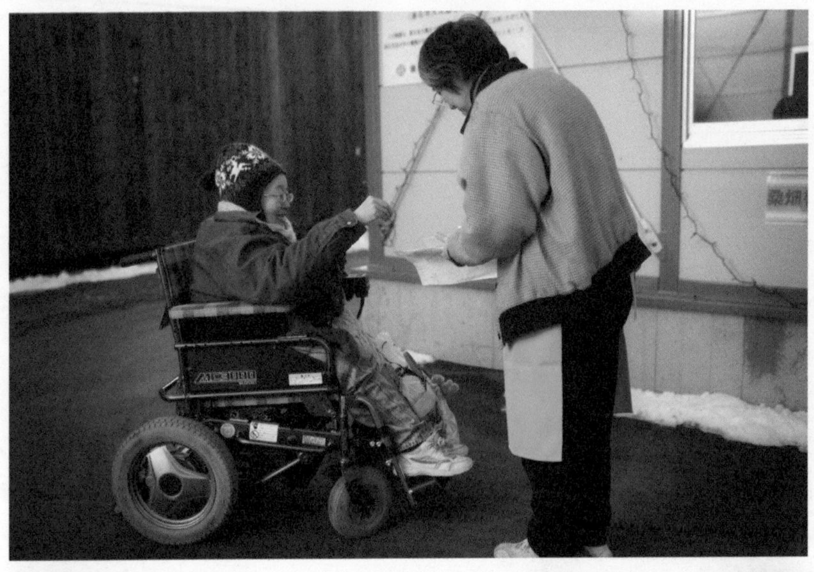

上圖　桑畑書店的桑畑節子女士將訂購的書籍交給坐輪椅的客人。
下圖　在臨時商店街繼續營業的大手書店。

chapter 5

期待在飯館村重現
「有書為伴的日常時光」

我們一定會再回來！

地震過後一年多，四月底到五月初盛開的櫻花已經全謝了，溫暖的微風帶來濃郁的青草香氣。路邊斜坡上的雜草還帶著昨天下雨的濕氣，生長在後方工廠空地上的茂密樹林閃耀著鮮綠色調，宣告春天的到來。

遠方傳來行駛在國道四號上的汽車引擎聲，從飯館村前來避難的災民居住在松川工業園區內的臨時住宅，旁邊的線道上完全看不見汽車出入的蹤影。在寧靜的園區入口處有一間村子直營的複合式賣場，高橋美穗里小姐就在那間賣場裡工作。事實上，直到全村避難的那一天，她的身分還是「書之森飯館書店」的副店長。

今年（編按：指二〇一二年）滿三十三歲的高橋小姐有兩個小孩，現在在福島縣政府專為災民提供的出租公寓裡，與爸媽、先生和哥哥一家七口住在一起。在ＪＡ（全國農業協同組合聯合會）工作的先生每天早上五點半出門，前往遷移至南相馬市的公司上班，她自己則是七點從家裡開車，前往直營賣場工作。

每天開車通勤相當辛苦，但從她臉上完全看不出疲倦的表情，天性樂觀的她爽朗地說：「我還要考慮小孩，所以不太容易再回到這裡生活，不過我還是這裡的村民，希望能維持目前的狀態，為村子盡一分心力。」由於工業園區附近沒有商店，因此賣場裡放滿了日用品、食材、熟菜等商品。遇到客人上門時，她也會親切地打招呼，讓直營賣場充滿輕鬆的氣氛。

「不瞞你說，當初要不是這個村子開了書店，我不可能像現在這樣想留在這裡工作。在書店工作的那段期間，我每天最開心的就是早上上班的時候。

我一直覺得早上開門前的書店另有一番風味，書本會喧鬧著要我趕快開店。依序打開窗簾讓陽光照進來，將剛進的新書與雜誌放在架上，更換書櫃內容，每一天都能變換出全新風貌。然後再猜想今天會有什麼樣的客人來，思考出去送貨時要跟客戶聊些什麼。或許就是因為我在當書店店員時，在村子裡結交了許多好朋友，所以我真的很難為了輻射外洩事故這個原因離開這裡，到其他城市找別的工作做。」

聽到這一席話，我不禁想起冬天造訪「書之森飯館書店」的情形。

從位於大內書店所在的南相馬市原町，駛入穿越山間的縣道十二號，大約一小時車程即可抵達開設於飯館村公所隔壁的書店。

高橋美穗里小姐

當天天氣十分晴朗，不過風很大，乾燥的粉雪在結凍的柏油路上形成帶狀，漫天飛舞。書店建築物的頂端有一個可愛的三角形屋頂，矗立在無人上班的村公所旁，被大雪完全封鎖。路上除了穿著橘色外套的「守望相助隊」隊員之外，看不見任何人影。我下車走到書店門口，店裡面一點動靜也沒有，窗戶貼著用紙剪成的文字，上頭寫著：「我們一定會再回來！」這些文字都是在這裡擔任副店長的高橋小姐親手裁剪的。

「書之森飯館書店」屬於村營書店，由財團法人飯館村振興公社負責經營，高橋小姐是公社的臨時雇員，從二〇〇〇年四月開始受聘。由於店長是由公社員工兼任，因此這幾年實際經營書店的人是副店長高橋小姐。在二〇一一年六月十五日因全村避難不得不關門之前，她每天都會在早上開店前用紙剪出一些文字。

她說：「我覺得要是沒有留下隻字片語，可能會隨著時間過去而忘記『現在』的心情，我不想忘記自己這一路上對這間書店投入的心血。三月底IAEA（國際原子能總署）到村子裡來，公布飯館村輻射量過高的檢測結果，那個時候我才清楚意識到飯館村可能無法再開書店了。不過，人就是這樣，即使已經有所『覺悟』，也很難真的接受現實。在這個過程裡，我充分體會到這種矛盾的心情。無論是四月十一日飯館村被列入計劃性避難區域，或是六月份書店關門時，我只覺得『這件事我之前就知道了』，並沒有深刻地去思考。就是因為這樣，當書店真正關門的那一刻，我才會止不住淚水，放聲痛哭。」

高橋小姐接著又說：「我認為書店是讓災民重拾『日常生活』的地方。」這個感想與淳久堂書店的佐藤純子小姐不謀而合。

「地震過後，很多人只要聊了幾句就開始感到不安，幾乎快哭了，但當他們來到書店，看到一如往常的『書』與『雜誌』，反而放下心來。大家在書店裡話家常，互相鼓勵，看著架上的商品，想起地震前自己的嗜好，思索地震後自己想從事的興趣。關店的那一天，我跟所有顧客互相擁抱道別，約定好『以後一定會再見面』、『重新開店之後，我一定會再來買書』，讓我深刻感受到居民們對於這間書店的熱愛，雖然地震之後到真正關門之間的時間很短暫，但我很榮幸自己能在這段期間堅守崗位……。」

整理書架上的書，收進紙箱裡。關店那一天，高橋小姐環顧空蕩蕩的店面，想著這間書店「真的要消失了」。以「我們一定會再回來！」這句話總結她在「書之森飯館書店」任職的十一年歲月，暫時畫下句點。

愈積極耕耘架上商品，書店就會長得愈好

話說回來，在人口只有六千人左右的飯館村裡，為什麼會開設日本唯一的「村營書店——書之森飯館書店」？

這件事要回溯到十七年前，也就是一九九五年。現任村長菅野典雄先生當時被選為社區活動中心長，在村公所旁邊興建了村民活動中心「美圍社村屋」。後來召開「村民企劃會議」規劃村營事業時，討論到「美圍社村屋」的用途，經過問卷調查之後，大多數村民都想要一個「可以接觸書籍的地方」。

菅野村長回憶當時的情形說道：「當時在飯館村買得到的書，只有陳列在農協賣場裡的幾本週刊雜誌。如果想去書店，就一定要到隔壁的川俣町或（南相馬市的）原町。我小時候也是這樣，所以書在我們村子裡算是很特別的物品。我最期待每個月爸爸買給我的《國小一年級生》雜誌。既然村民想要一個『可以接觸書籍的地方』，站在村公所的立場，首先想到的就是圖書館。不過，成立圖書館必須每年提撥一筆圖書預算，而且美圍社村屋的室內空間也不足以開設圖書館。考量到即使出現赤字也能發揮媲美圖書館的社會教育作用這一點，最後決定開一間村營書店。」

後來飯館村向出版文化產業振興財團（JPIC）旗下的文化事業「地區讀書環境整備事業」提出申請。只要沒有書店或圖書館的地方政府（村或町）提出成立「模範讀書設施」之申請，該事業就會到當地傳授經營開業知識與方法，並在開幕時無償提供一萬本書。那個時候已經有大分縣耶馬溪町（現中津市）、三陸町（現大船渡市）與北海道的禮文町等成功範例，因此「書之森飯館書店」是該事業協助的第四例公營書店，也是全國首創的村營事業。

經過村民討論決議後，書店的主要經營重點有三個，分別是「要有豐富的童書與繪本提供孩童閱讀」、「開闢介紹本地歷史發展的鄉土史專區」，以及「充分發揮公營書店扮演的角色，規劃足夠的閱讀空間，讓所有居民都能在此或站或坐地閱讀書籍，營造出宛如圖書館的氣氛與功能」。除了根據這個原則選擇受贈的一萬本書之外，相關人士也到處去東京都市中心的童書專賣店參觀店內陳設方式，最後還獲得丸善書店的協助，規劃展示櫃與桌椅的配置方式等。

擔任第一代店長的村公所員工橫山秀人先生如此回憶道：

「我去銀座的教文館參加JPIC的研修會議時，跟著一名女店員實習開店前的退貨與上架事宜，她對我說的一句話到現在我都還念念不忘。當時她一邊整理書櫃與展示平台上的書，一邊對我說：『書店裡的書櫃就是要像這樣耐心耕耘。』由於我家也是農民出身，那句話一下就點醒我了。經營書店就跟種田一樣，愈積極耕耘架上商品，書店就會長得愈好。原來道理這麼簡單，我相信我一定能做得到。」

在經過細心規劃之下，陳列著滿滿新書的「書之森飯館書店」於一九九五年二月二十六日正式開幕。

開幕當天由時任村長的齋藤長見先生與JPIC理事長等貴賓共同剪綵，從福島市內驅車前來的賓客以及當地居民，將一百一十平方公尺的店內擠得水洩不通。此外，他們更以「閱讀推廣運動」為主題舉行研討會，也邀請《魔女宅急便》的知名作家角野榮子女士發表專題演講。

開幕至今已度過十七個年頭（編按：指一九九五至二〇一二年），回顧一路走來的歷程，就結果而言，如果沒有村公所的補助，「書之森飯館書店」根本不可能開到現在。不過，橫山先生堅信，「書之森飯館書店」存在的這十多年，為飯館村帶來了無可計數的正面影響。

橫山先生說：「就算不買書，只要到書店來就能看看書架上的新書，或是坐在桌前閱讀。當時不像現在網路這麼發達，所以書店的存在對居民來說相當重要。架上有毛線編織書也有食譜，還有與東京同步的時尚雜誌、將棋書、熱帶魚養殖書、電腦雜誌、《Rurubu》之類的旅遊雜誌。除此之外，店內還有許多農業相關雜誌，農文協（農山漁村文化協會）出版的《現代農業》賣得特別好。

這些都是過去飯館村所沒有的，接觸愈多書籍愈能促使我們付諸行動。我認為書店的存在，喚醒了深藏在每位村民心中的某個想法。」

意外成為「書店店員」的橫山先生，在擔任「書之森飯館書店」第一代店長的幾年期間裡，細心打造令人感到舒適自在的陳列空間，可以坐在椅子上輕鬆閱讀的店內環境。書店牆面裝設了許多大片窗戶，看起來寬敞明亮，逐漸成為村民們聚會聊天的場所之一。

有些媽媽會在接送小孩上下學的途中到書店逛逛，放學回家的孩子們也會順便繞到書店看書，還有村公所的員工趁著休息時間來買雜誌……。店裡迴盪著村民們一邊看雜誌一邊談笑的說話聲，書桌區還可看見國中生寫作業的身影。

這就是在飯館村新開創的獨特景象，並很快地轉變成隨時可見的「有書店為伴的日常生活」。

村子裡開書店了

聽說村公所旁的「美團社村屋」裡開了書店時，高橋美穗里小姐正就讀飯館國中三年級，不久後即將畢業。

村子裡開書店了——這對她而言是值得慶賀、興高采烈的好消息。她想像自己隨心所欲地欣賞架上商品，在四周放滿書籍的地方度過悠閒時光的模樣，迫不及待地想到新開的書店逛逛。

高橋小姐從小就喜歡看書，可惜家裡幾乎沒有書可以看。她還記得他的哥哥透過小學老師的幫忙，買了一本繪本《尼斯的女婿》，就連《白雪公主》與《美人魚》等童話故事她也百看不厭。後來她的媽媽發現自己的女兒一整天都在讀同一本書，於是會趁著出門買東西時，順便到隔壁的川俁町書店買書回來。

話說回來，在飯館村當一位「愛看書的小孩」其實很難滿足自己的需求。她笑著說：「我總不能每天都請媽媽帶我去書店買書，要是選書選太久，還會挨媽媽罵……所以『書』對我而言就是必須匆忙選購的物品。學校當然也有圖書館，可是每個星期只開一次，而且是午休時間由圖書委員值班，時間這麼短，根本不可能慢慢挑選自己真正想看的書。這就是飯館村的小孩唯一能接觸到書的機會。」

即使如此，她還是妥善保存每一本媽媽買給她的書。存下自己的零用錢，收集講談社青鳥文庫的《蠟筆王國》系列，有時還會拜託因為從事專業工作而老是不在家的爸爸買書給她。

從國小升到國中時，她不只讀兒童文學，也慢慢喜歡上娛樂小說和純文學作品。

「書店剛開的時候，我立刻跟同學約好去逛。那個時候我已經念國中三年級，又是二月份，社團活動已經結束，這是我第一次一下課就擁有完全屬於自己的自由時間。由於我身上沒有錢，最初只能看看書櫃上的商品，不只是漫畫，還有雜誌與小說，各種類型的書籍都有，真的是讓我大開眼界。後來我就騙媽媽說：『今天學校有事，我會搭晚一點的公車回家。』放學之後繞到書店去看書。」

三年之後，她很幸運地進入書店工作。

高中畢業時，高橋小姐進入當地的建設公司工作，後來因為不能適應公司氣氛而辭職。在找下一份工作時，飯館村發行的公關雜誌剛好寄到家裡來，上面刊登了書店的徵人廣告。

刊登廣告的是經營書店的第三中心「飯館村振興公社」，上頭寫著錄取者將成為公社的臨時員工，負責執行書店業務。當時第一代橫山店長已經卸任，第二代店長由同樣是村公所員工的高木久子小姐接任。原本在書店工作的女店員因結婚辭職，所以才刊登廣告招募新人。

「得知自己錄取時，我真的好開心。」高橋小姐就這樣做了十多年的店員，她一直將書店店員這份工作視為自己的「天職」。

「『書之森飯館書店』是我這一生最重要的支柱之一。我在書店工作的期間迎接了二十歲生日，也在飯館村結婚，後來還生了兩個小孩。

每天早上打掃無人的店裡，打開窗簾、聽著音樂，檢查剛進的新書……。書店有很多大片窗戶，陽光照射進來時真的很明亮。接著我還要在中午前將事先分好的雜誌送到公家機關去，開著車在村子裡來回奔波。每到傍晚，就有很多剛放學的國中生走進書店並且說：『我回來了！』我們也會對著他們說：『歡迎回來。』店裡的大書桌與椅子區，時常可以看到學生在那裡寫功課，跟他們聊天真的是一件很開心的事情。」

「驗出輻射物質」的餘波

……三月十一日發生地震時，書店員工懷抱著戒慎恐懼的情緒，從避難處回到店裡查看。從書櫃上掉下來的書完全掩蓋地面，空調外殼也掉了下來，垂掛在天花板上，牆壁剝落的白色粉塵瀰漫在空氣裡。她們當天就開始整理並打掃店面。

高橋小姐一直將九歲的女兒與五歲的兒子託給娘家的媽媽照顧，到了傍晚，她的媽媽開著小車，載著兩個小孩到書店來。兩個小孩一下車就朝高橋小姐跑去，她抱著自己的小孩，忍不住哭著說：「你們沒事真的太好了。」

收拾好店面後方的碎玻璃，公社要求書店員工第二天在家待命，就在當天晚上，她聽說了福島第一核電廠發生輻射外洩事故的消息。受到停電的影響，在ＪＡ金融部工作的先生無法鎖上金庫，所以只好一直待在公司看守財物。

當天晚上，她與父母和孩子待在一片漆黑的房間裡，深怕發生餘震，就在此時，高橋小姐聽到外面傳來村子的巡迴車正在大聲廣播的聲音。她趕緊開窗聆聽，聽見巡迴車說：「輻射能相當危險，請各位務必待在家裡，不要外出。」

「什麼是輻射能？」面對女兒的提問，她完全不知道該如何回答。

「我的車已經沒油了，也沒有其他可以投靠的親戚，就算想避難也沒辦法。所以只能盯著家裡，關掉換氣扇，靜靜地發呆。後來問了住在縣道旁的人才知道，當時馬路上塞滿了車，全都是從南相馬市過來避難的災民。他說他看到那個景象之後，再也沒辦法待在飯館村。不過，我家附近只有鄰居會進出，我並不清楚村子裡的情形，我一直待在家裡，直到書店恢復營業為止。」

飯館村距離發生事故的核電廠只有四十公里，三月底當地交通才真正恢復，於是直到地震發生後兩個多星期，也就是三月二十九日，「書之森飯館書店」才重新開門。

根據二〇一一年六月三十日出版的出版界專業報紙《新文化》報導，福島縣的共同配送地區分成會津、中通與濱通三區，重新配送書籍的時間點分別是會津地區三月二十五日、中通地區三月二十八日以及濱通地區四月八日。不過，南相馬地區一直等到五月二十五日才能恢復物流。於是還發生像先前提過的，大內書店的老闆大內先生親自到中轉倉庫取貨的情形。東販通知高橋小姐，運送福島縣北部地區的物流路線已經開通，高橋小姐立刻通知村公所窗口，書店明天開始恢復營業。

由於另一位員工已經在外縣市主動避難，因此剛開始恢復營業時，只有高橋小姐一個人管理書店。一到送貨時間就先關門，在店門口貼上「出門送貨中，二十分鐘後回來」的紙條便出門了。

「開店後我做的第一件事，就是問客人需不需要《寶島少年》之前的期號。村公所的員工這段日子不眠不休地處理災情、安置災民，我認為他們應該會想看《寶島少年》，所以特別請東販幫忙調書。就連到山形縣避難的大內先生，也跟南相馬市的顧客們說『書之森飯館書店』有開門營業，甚至還有客人開車到我們這裡來，說是要幫隔壁鄰居的孩子們買《寶島少年》和《Sho-Comi》回去。

遇到路過的客人笑著對我說：「你們開門了！」時，我真的很慶幸我們恢復營業了。將客人平時訂購的雜誌交到他們的手上時，他們也會露出安心的表情。縱使提及三月十一日之後的生活以及內心的不安，他們的臉上偶爾也會露出笑容。打電話聯絡定期訂閱雜誌的顧客，其中有一半以上都到其他地方避難，無法聯絡上，但收到訂閱雜誌的客人，一定會開心道謝。我相信對於當時所有村民而言，『常去的書店有在營業』這件事相當重要。」

遺憾的是，她們也早有預感，這好不容易恢復的、平凡的「日常生活」，總有必須捨棄的一天。自從三月三十日，IAEA 在飯館村檢測出超過特定標準值的放射物質並對外公布之後，全國各地的媒體紛紛湧進隔壁的村公所採訪，只見身穿寫有省廳名稱制服的官方行政人員，與前來湊熱鬧的路人擠成一團，慌慌張張地進出村公所。

前來採訪的報紙與雜誌記者有時會到「書之森飯館書店」逛逛，購買大量與鄉土史有關的書籍，包括菅野村長以前自費出版的書籍、村公所編纂的五十週年紀念雜誌，甚至連要價九千日圓以上的全戶地圖也在搶購之列。再加上便利商店沒有營業的關係，報導地震特輯的週刊雜誌也賣得相當好。

記者們都很訝異在這個小村子裡竟然有書店，看到豐富的童書、實用書與字典，而且每一本都在水準之上，更讓他們感到驚喜。

還有記者跟她說：「剛開始我還以為這裡是圖書館，沒想到這裡的書籍這麼豐富！」一聽到這句話，她竟脫口而出：「這裡可是村子經營的書店，書籍當然很齊全！」連她自己也不知道為什麼這麼激動，接著便開始訴說這十六年來的歷史。

有一位記者聽了來龍去脈後，嘆息地說：「要是知道這裡有這麼一間書店，地震前我一定早就來採訪了……。」

「我最喜歡從這裡看見的景色」

每當定期訂閱的書籍、顧客特別訂購的雜誌和書送到書店時，高橋小姐就要忙著出門送貨。

有時候送到顧客家裡時，他們會說：「這是給孩子看的書，但他現在到外地避難，以後用不到了，所以我想訂到今天為止。」也有人迫不及待地等著看雜誌，開心地向高橋小姐致謝。不過，只要是與農業有關的雜誌，她一定會先打電話跟顧客聯絡才配送。因為現在所有農民都失去農地，無法耕作，她很擔心要是在沒做好心理準備的狀況下，讓農民們看到這些雜誌，會不會反而徒增他們心裡的悲傷。

「我都會先跟他們說：『要是不需要這些雜誌，請儘管跟我說，我可以退給出版社。』確定有需要才會送過去。雖然大多數顧客都說現在不需要，希望訂到這一期為止，不過還是有人表示想到其他地方繼續務農，所以要繼續訂購……。現在回想起來，我就是因為很想看到將書送到顧客手上時，顧客臉上露出的笑容，所以才會一直堅持到最後。那些笑容可以說是我當書店店員的原動力。」

日本政府在四月十一日將飯館村列入計畫性避難區，一個月後村公所開始疏散村民，一直到六月二十二日，村公所遷移至福島市公所飯野支所為止，整個疏散避難計劃才真正結束。

「書店在六月十五日關門後，我將要退給出版社的書裝在箱子裡。」高橋小姐回顧當天情形，如此說道：「當時一起工作的店員已經回去，我一個人待在店裡，忍不住哭了出來。一層層擦著清空的書櫃，脫口說出感謝的話：『能在這裡工作，我覺得很幸福，謝謝你讓我度過了人生中最重要的時光。』我一邊擦拭書櫃一邊想著——今天我就要離開你了，不過請你一定要等我，我一定會回來的——年紀一大把了還想這種幼稚台詞，真是很不好意思。」

書店收掉後一直到過年，這半年間她轉調到「飯館全村守望相助隊」的事務局工作。守望相助隊是負責分區巡邏村子各處，保護村民安全的組織，有一段時間事務局設立在「書之森飯館書店」對面的建築物裡。當時她已經在福島縣政府專為災民提供的出租公寓裡生活，所以每天早上都要開兩個小

如今仍在等待重生的書之森飯館書店。

時的車到飯館村，管理別在隊員身上的輻射偵測器。

二〇一二年一月，高橋小姐到福島市松川町臨時住宅腹地內的「飯館村直銷賣場」工作，我去採訪時她跟我說：「地震以後的季節其實是飯館村最美麗的時期。」

她回想起二〇一一年七月起的半年間，在對面建築物看到的書店樣貌。

她偶爾會向村公所借鑰匙到書店裡去，獨自走在所有書籍都已清空，寂靜無聲的店裡，摸著空蕩蕩的書櫃。每當這個時候，她就很希望這裡能再擺滿書籍。不過，她也不能肯定那一天是否真的會到來。

書之森飯館書店是一間圍繞在窗戶之中的明亮書店。在夏季的某一天，她從無人的書店往外看。外面是一大片熟悉的綠色草坪，在曬得到太陽的地方放了一張長椅，有著白色鐘塔的國中對面是綿延無垠的綠色山脈，在陽光的照耀下閃閃發光。

說到這裡，她也想起了在蟬鳴鳥叫好不熱鬧的夏日，看到一隻麻雀練習飛翔的過程。有一隻小麻雀一直飛不起來，便在綠色草坪上拚命揮動翅膀。

腦中想著那段平凡時光，靜靜地望著窗外，心中充滿了地震前根本無須說出口、對於故鄉的思念。直到再也不能自由進出飯館村，才深刻感覺到自己的故鄉在這裡，以及自己對於這個故鄉懷抱著怎樣的思念。她平靜地說：「山的顏色從綠轉紅一直到下雪，我有幸見證飯館村的四季更迭。在那段日子裡，我最喜歡從這裡看見的景色。」

直到現在村公所都還沒確定書店要以什麼形態恢復營業，不過，不管是什麼型態，高橋小姐仍希望未來能再從事與書有關的工作。她不斷地抱持著這個希望，懷念著從書店窗口看見的「故鄉」風景。

「印刷油墨是文化的基礎」

DIC Graphics 總務部長・谷上浩司先生

二〇一一年三月二十二日，印刷油墨工業同業公會向日本新聞協會與全日本印刷工業同業公會發出以下公告。

標題為〈平版印刷油墨生產出貨相關之現況危機〉，內文寫著：「（由於工廠發生大火）現在很難買到主原料，將嚴重影響油墨生產進度。」這封公告在部分報社與出版社之間掀起軒然大波。開始有人猜測未來可能無法發行印刷刊物。

在三月十一日的地震過後，電視新聞爭相報導來自各地的災情影片，其中之一就是位於千葉縣市原市，科斯莫石油公司煉油廠發生的大火。不過，當時就連印刷油墨業界人士也沒有人敏銳察覺到，這場大火將打亂油墨生產進度，連帶影響書籍、報紙與新聞製作。業界龍頭DIC Graphics總務部長谷上浩司先生表示：

「當我看到煉油廠陷入熊熊大火的影片時，腦中曾經閃過我們的MEK（丁酮）製造工廠也在那個聯合工廠裡，雖然感到不太妙，但完全沒想到之後會引起這麼大的問題。」

丁酮是使用在雜誌常用的凹版印刷紙上的溶劑，DIC Graphics是製造丁酮的龍頭廠商。火災發生後，他立刻打手機給負責處理資材的業務窗口，指示他立刻調查市原大火會對印刷油墨生產帶來多大影響。

地震發生後幾天，油墨製造商之間大致掌握了以下問題：

印刷油墨是從POP（對辛基酚）物質中精製樹脂，再加入顏料與溶劑製作而成。而生產對辛基酚原料DIB（二異丁烯）的丸善石油化學工廠，就在市原聯合工廠裡。

「關鍵在於全日本只有市原有二異丁烯製造工廠。而且我們也是當時才發現，在製造丁酮溶劑時，也會產生二異丁烯。」

印刷油墨工業同業公會在三月十八日召開緊急會議，討論因應對策。從庫存與原料計算出油墨只剩一個月的用量，四月中以後很可能無法再供應印製報紙時使用的平版印刷油墨，因此才會發出本文開頭提及的公告。谷上部長也表示，從那時候起，業界開始研發不使用二異丁烯精製對辛基酚的方法，同時尋找國外廠商進口對辛基酚。不過，平時沒有往來的兩間公司很難立刻達成交易協定，因此有一段時間對辛基酚的價格漲到三倍，讓印刷油墨產業雪上加霜。

幸虧在業界人士努力奔走之下，地震之後的印刷油墨並沒有像預期般出現庫存不足的狀況。

「不瞞你說，其實一直到七月以後庫存才慢慢穩定下來。在此之前，我們都是以一週為單位與國外公司簽約，而且必須到要簽約時才知道有沒有足夠的量給我們。我們每週都在重複進料、製造與出貨這個循環，完全不敢掉以輕心。」

全世界每天都有無數印刷品問世，街頭也充滿著五顏六色的色彩。縱使未來紙本印刷品消失，只要有「顏色」就需要顏料。谷上部長大學時在工學系攻讀印刷，畢業後進入 DIC Graphics 工作，這一路他一直以自己的工作為榮。而且這份信念也在每天處理地震災情的過程中日益強烈。

「我一直認為在印刷技術中擔任要角的印刷事業，對於文化發展具有極大貢獻。印刷油墨是支持文化發展的重要技術之一，無論面對任何挑戰，我都會堅持這份信念繼續下去。」

chapter 6

重生的書店

「一群門外漢」的挑戰

三陸沿海地區遭到海嘯侵襲，整間店面被沖毀的書店，需要很長的時間與更多的準備才能恢復營業。在這段過程中，投入一切想要重開「書店」的老闆們究竟在想什麼？他們做了哪些努力？有些人選擇搭帳棚賣書、在組合屋裡的臨時商店街開店，或是在新店面重新開始……直到二〇一一年接近尾聲的十二月底，才開始有愈來愈多老闆在不同地點重新開業，將「書」一本本放入原本空蕩蕩的書架上，書店市場瀰漫著一股重生的氣氛。

二〇一一年十二月二十二日，這天早上雨雪相雜紛落，氣候十分寒冷。

位於岩手縣大槌町國道四十五號沿線的「MAST 海濱城」（以下簡稱MAST）大型停車場，舉行了一場購物中心開幕典禮，這是睽違九個月之後，海濱城重新裝潢開幕的慶祝活動。

海濱城購物中心的一樓店面裡，有一間占地面積約六十坪的「一頁堂書店」。老闆木村薰先生是一位身材瘦高，感覺相當溫和的四十多歲男性，看起來似乎有些少根筋，但個性相當堅決，是個說一不二的人。他穿起了久違的西裝與皮鞋，在低溫中欣賞著配合太鼓節奏跳躍、當地最知名的虎舞表演。

海嘯過後發生大規模火災的大槌町，過去曾經有兩間書店。地震之後全部停止營業，小鎮書店就此消聲匿跡。儘管如此，原本在大槌町化學藥品製造商工作的木村薰先生，與他的妻子里美小姐仍舊毅然決然地成立了一頁堂書店。

三月十一日的海嘯重創了「MAST」，一樓滿是瓦礫碎石，之後如火如荼地進行整修工作，就是為了在這一天重新開幕。大約六十坪的書店位於煥然一新的建築物北側一角，剛上架的書籍、雜誌，以及賣場比例明顯較大的童書區散發著濃濃書香，吸引眾人目光。

典禮開始前，木村先生在所有店員面前，說明了里美小姐將書店取名為一頁堂的緣由。

「大槌町因為地震與海嘯失去了許多寶貴生命，為了不愧對消逝的生命，我們一定要帶著感謝的心情繼續生活、努力工作，為大槌町展開一頁全新的歷史。」

一頁堂書店與過去介紹的其他災區書店不同，所有員工都沒當過書店店員。換句話說，這是由「一群門外漢」經營的書店。包括木村夫婦在內，所有員工每天都是從臨時住宅到店裡上班，其中還包括許多家有幼兒的媽媽。

負責協助成立這間書店的東販東部營業部的石川部長表示：「這間店全都是沒有書店經驗的上班族，他們想要轉換跑道卻沒有資金開書店，所以由我來出面協助，算是業界相當罕見的例子。這十幾年書店業的景氣十分慘澹，幾乎沒有新書店成立。我手上有許多國際連鎖書店，不過，這次是第一次有想開書店的個人業主跑來找我諮詢。老實說我也曾經感到不解，要是沒成功，全家人就會頓失依靠，所以我不斷向對方確定真的沒問題嗎？你已經做好心理準備了嗎？慎重地討論開店事宜。」

開門前店裡除了一頁堂的員工之外空無一人，聽著從外面傳來細微的太鼓鼓聲，每個員工的心裡都相當緊張。他們是第一次以店員身分向顧客說：「歡迎光臨！」一旁邊雖然有從仙台調過來支援的東販員工幫忙，但里美小姐形容當天的氣氛時說：「大家都緊張到頭頂冒煙了。」

由於當天天氣不好，參觀開幕典禮的客人不多，但九點過後一打開店門，搭乘「MAST」準備的接駁車的顧客，陸陸續續從臨時住宅過來這裡逛逛。

「我原本想要記住第一位客人的模樣，但因為太緊張，之後全忘光光了。」

就像木村先生說的一樣，開店時蜂擁而入的顧客也聚集在一頁堂，店裡立刻擠得水洩不通。不久之後，就連結帳隊伍也開始愈排愈長，我一直聽到不熟悉書店工作的店員們，向東販員工求救的聲音。

「剛開始有客人問我有沒有某本書，我卻不知道要怎麼找，最後變成客人幫我一起找。大家都是這個鎮上的居民，知道我們第一次當書店店員，爭相來幫忙找書，真的很謝謝他們。找到書的時候大家還為我們鼓掌，我們還與客人互相道謝。」

開幕當天晚上七點打烊，東販員工留下來教導店員們處理退貨與上架事宜，告訴他們如何替換雜誌位置，教他們如何計算一天的營業額……。當天總計來了數百名客人，感到興奮之餘，他們也努力學習每一項工作內容。一頁堂書店的第一天就這麼過去了。

愈聽愈覺得未來前途茫茫

事情要從二〇一一年六月里美小姐接到的一通電話開始說起。

當時木村夫婦在海嘯中失去了自己的家，與目前就讀大學一年級的兒子，一起住在盛岡市的公寓裡，那是由町公所出面承租的臨時住所。木村先生任職的化學藥品製造商早已放棄修復位於大槌町的工廠，也就是說，木村先生失業了。

雖然公司方面強烈建議他轉到大阪總公司上班，但夫妻倆都希望能待在岩手縣工作。里美小姐有一位從小一起長大的好朋友在遭受重創的「MAST」裡開熟食店，就在此時打電話給里美小姐說：「雖然不知道什麼時候才要營業，不過，妳想不想來全新裝修開幕的 MAST 開書店？」

木村先生坦白說出太太跟他提起這件事的時候，自己的反應：「不瞞你說，剛開始聽到書店時，我一點概念也沒有。岳家從以前就在大槌町開印刷廠，可能是因為這樣才會找我太太。後來我們是想至少先聽聽對方怎麼說，不久就去參加 MAST 和東販的說明會。」

木村先生說他們考慮了很長一段時間。畢竟自己出社會之後就一直當上班族，現在要他貸款開店，他也很懷疑自己是否真的做得來。東販的代表仔細解釋了書店這門生意的利潤率，以及業界特有的再販制度（再販售價格維持制度，亦即出版社有權規定出版品售價，書店等通路不得打折促銷的制度）結構，愈聽愈覺得利潤很低，根本是個前途茫茫的產業。

「我跟太太討論了好幾次，也不斷在思考這件事，但我們真的很想在大槌町工作生活，所以最後決定放手一搏。我們並不是因為想開書店而開書店，關於這一點我們也覺得過意不去，不過最大的誘因還是想回大槌町。」木村先生接著又說：「要是沒有海嘯，我們可能也不會這麼堅持要留在岩手縣。我之前是個上班族，公司每次派我去別的地方工作，我都會遵從公司安排。前東家有很多客戶都在東京和大阪，其實我也曾經在這些地方住過一段時間，出差次數更是多到數不清。不過，自從遇到那場海嘯之後，我的想法完全改變了。我不希望因為海嘯的關係離開大槌町，我不想在這樣的情形下失去在岩手縣建立的家庭，所以我一直對於選擇離開大槌町感到愧疚。」

木村先生一九六四年出生於山形縣山形市，畢業於關東地區的大學之後就進入化學藥品製造商工作。二十六歲時與從學生時期穩定交往的女友里美小姐結婚。由於里美小姐的父親也在同一家公司擔任技術職，便在岳父的介紹下，於一九九七年轉調到大槌町的工廠擔任業務員。從此之後，一家人便開始在里美小姐的故鄉大槌町生活。

工廠位於大槌灣河口附近，走一段路就會來到三陸海邊。蔚藍的大海、谷灣式海岸以及翠綠的松樹林，共同交織出風光明媚的大槌町，木村先生非常喜歡這個地方。

自從搬過來後，木村一家在大槌町度過了將近十五年的歲月，里美小姐也在媽媽過世之後繼承家業，在鎮上的印刷廠工作。他們的獨生子未來的夢想就是當一名醫生，現在也一直心心念念著，希望能在岩手縣的醫院工作。就在一家人逐漸在大槌町與岩手縣找到人生目標、過著安穩生活之際，沒想到就發生了三月十一日的那場海嘯。

在經歷過驚悚而且持續很久的横向搖晃之後，木村先生立刻跑到公司附近的河川查看，一看見河水全退光並露出河床，便立刻開車避難去了。後來工廠空地的柏油路面出現裂縫，還有水從地底噴出來。

木村先生先繞回家裡帶走自己養的貓，再回到車上，穿過「MAST」所在的國道四十五號，駛向縣道旁的大槌國小。順著國小再往前走有一處山丘，社區活動中心就興建在山丘上，大部分的車輛都是在這裡左轉，不過右轉車輛卻因為對向車道塞車而動彈不得。

木村先生將車停在國小校園裡，接著寫簡訊給里美小姐，要她趕快逃難，然後抱起貓走上樓梯，進入社區活動中心。就在這個時候，他看到海嘯以勢如破竹的氣勢破壞城鎮景物。當時的他正往上走，以餘光感受到後方出現動靜，一回頭便看見遠方掀起一陣沙塵，瞠目結舌地看著電線桿依序倒下的情景。回過神來才發現水已經漫到他的腳邊，於是他趕緊往上跑。

已經記不住這是第幾波的海嘯，海嘯伴隨轟隆巨響吞噬了城鎮，瓦礫碎石隨著海水迅速漂流。來不及駛上山丘的汽車以及停在國中校園裡的車輛全被沖走，四周響起了警報器的聲音。不一會兒，鎮裡開始冒出火苗，一陣爆炸聲響後竄出火柱，整個大槌町籠罩在熊熊燃燒的大火與濃煙之中。

木村先生躲進比社區活動中心更高，位於山區的公有建築物裡，直到三天後，他才見到之前前往盛岡探望兒子的里美小姐。里美小姐從內陸地區走山間小徑回到大槌町，看到妻子平安無事，他終於放下心來並忍不住大哭。

書店是「城鎮文化度」的指標

書店從大槌町消失了，圖書館也被海嘯沖毀了。居民們失去了所有可以接觸到「書籍」的地方，地震過後，全國各地的善心人士不斷寄繪本與漫畫到災區，一時之間，倖免於難的社區活動中心走廊堆滿了各類書籍，一有機會就將這些書暫時收到善心人士捐贈的行動圖書館。

里美小姐從小一起長大的好朋友，認為里美小姐現在經營印刷廠，應該很懂「書」，所以才會勸木村夫婦出來開書店。其實對方也不是一開始就想到他們，而是由於以前在大槌町市區經營書店的老闆過世，其他候選人物也表達婉拒之意，里美小姐的好朋友最後才會找上木村夫婦。

事實上，比起木村先生的意願，深藏在里美小姐心中的熱情才是他們開書店的真正原因。

「其實最初是有人來問我，要不要在全新開幕的『MAST』設立印刷廠辦公室，但我們只是一間小印刷廠，沒必要設立辦公室，於是就婉拒了。」

不過，當後來好朋友提議開「書店」時，卻激發出一直埋藏在她心中對於紙本書的熱愛。

二十五年前，里美小姐的母親開設了三協印刷。

「我媽媽很喜歡文學書，她是個會用詩寫育兒日記的人。我讀國中的時候，媽媽說她想從事製作書籍的工作，所以開了一間印刷廠。雖然只是一間小小的印刷廠，但每年一到三月都很忙碌，不只印文集，也印國中學生使用的筆記本，輪轉機每天轉個不停。」

散發油墨味道的印刷廠就開在赤濱地區的山區，這次的海嘯也重創了赤濱地區，受災當天有超過一百人疏散，在山區度過了三天。

印刷廠裡有兩台單色印刷的輪轉機，裝訂全靠手工製作，工作內容大多是印製畢業文集，或是與學校、公家機關有關的書籍文件。此外，也印名片、信封與廣告傳單。由於以前印過購物中心的傳單，因此在「MAST」工作的好朋友才會打電話給里美小姐。

當對方在六月提議開書店時，她第一個想到的就是「現在大槌町沒有書」，既沒有媽媽最愛的文學書，也沒有自己最常念給兒子小時候聽的繪本。這個事實讓她感到十分落寞。

里美小姐的先生木村薰是在六月三十日離職，七月的時候她的先生才決定要開書店。下定決心之後，日子便開始忙碌了起來。

首先，他要先去町公所申請搬進大槌町的臨時住宅，中間有空檔時，還會接當地建設公司或朋友的訂單，印製一些刊物。在等到國家與縣政府補助事業的協助後，原本堆滿瓦礫的「MAST」也開始著手修建。木村夫婦前往盛岡市的「Sansa」購物中心，在裡面的BOOKPORT NEGISHI盛岡Sansa店實習，初步學習一整天的業務流程。剛好在那裡遇見到盛岡Sansa店視察的社長千葉聖子小姐，她只跟木村夫婦說：「書店的工作比想像中繁重，完全是體力勞動，一定要做好心理準備，然後努力去做。」

木村夫婦即將成立的書店，在許多人的鼓勵與期待下已然成型。

就像東販的石川部長所說：「我已下定決心，既然要做，就要做一間絕對不會失敗的書店。私人經營的書店想要永續經營，地區的力量相當重要。以前的經營模式很簡單，只要開一間店，販售當地學校的教科書，接圖書館的訂單就能維持下去。但現在有愈來愈多圖書館被東京業者搶走，不再向當地書店訂書。所以這幾年愈來愈難維持賣書給地方政府的公眾圖書館與學校圖書這樣的經營模式。

無論是大槌町的行政機關或居民，都很期待這間書店的誕生。因此這次我還特地去行政機關打招呼，平時我是不會做到這種程度。一般進到圖書館的書都會包一層塑膠膜防污，這次我們東販也會盡可能提供這方面的技術協助，告訴對方即使向新書店進書也無須擔心後續服務，希望能傾整個地區的力量支持書店經營下去……。」

在大槌町公所擔任生涯學習課長，同時也兼任圖書館館長的佐佐木健先生也如此說道：「書店是城鎮文化度的評量標準。從這一點來看，重新開設書店也是振興大槌町的徵兆之一。我希望這不是到購物中心購物時『順道』去逛的店，而是一間會主動吸引顧客上門的特色書店。大槌町的優點就是滿足顧客需求，老闆與顧客互相寒暄的人情味。所以我希望能成為『一頁堂的幕後推手』，讓一頁堂在大槌町擁有清楚的定位。」

隨著炎熱夏季過去，冷冽寒風日益強烈，生長在殘留的地基周邊的雜草也逐漸枯萎。挖出溢滿建築物的瓦礫，堆放在暫時存放垃圾的廣場，所有建設都被沖毀的小鎮裡，馬路上只看見汽車與貨車逐漸離去的背影。

時序進入了秋色漸濃的時候，里美小姐與先生隔著臨時住宅的暖爐桌對坐。就在此時，里美小姐想到了「一頁堂」這個名稱。

她回想當時的情形說：「為了方便作業，東販寄來的文件在書店名稱上寫著『木村書店』這個名字，我很想換個名字，卻一直想不到更好的名稱。我家開印刷廠，很希望能取一個跟書有關的名字，所以我開始喃喃自語地說『目錄』、『書籤』……然後突然脫口說出『一頁』這個名詞。」

木村先生聽到里美小姐一直在喃喃自語，一聽到「一頁」立刻大叫：「老婆，就是它！」他也跟著說出「一頁」這兩個字，覺得這個名稱相當適合，它代表一本書最重要的第一頁，於是決定取名為「一頁堂」。無論是對從零開始成立書店的兩人，或是在遭受重創的大槌町開設的新書店而言，這是最適當的名字。

「十一月之後，『MAST』的翻修工程如火如荼地展開。我曾經戴著工地安全帽到大樓裡看過幾次，聽裝修業者說這次的工程時間很短，他們必須努力趕工。

事實上，即使到了快接近十二月二十二日的開幕日，我依舊沒有自己即將開書店的感覺。不過，當東販將書櫃搬進來，並將書全部放在架上後，才突然覺得這個夢想要成真了。」

木村夫婦既不安又期待，帶著興奮的心情迎接了從一大早雨雪相雜紛落，正式開幕的日子。

沾滿污泥的顧客名冊

在所有人的協助下，二〇一一年十二月下旬一頁堂書店正式開幕。其他被海嘯侵襲而失去店面的三陸沿岸書店，也在此時逐漸恢復營業。

四月十三日，中央社的齋藤進先生前往釜石市拜訪的桑畑書店就是其中一例。

從一頁堂書店所在的大槌町駛上國道四十五號往南走，只要二十鐘車程就能抵達釜石市區。在受創甚深的小鎮一角，殘留著只剩下建築物框架的桑畑書店。從書店再走五百公尺，來到離海邊有一段距離的石應禪寺附近，就會看到好幾間組合屋。裡面設有商店街，桑畑書店的臨時店面就在那裡。

寒風颼颼，一面大漁旗在兩棟建築物之間迎風飛揚。

原本的書店有七十坪，現在的營業面積只有九坪。

齋藤先生來到釜石車站附近的臨時辦公室，老闆桑畑真一先生一臉疲倦地說：「老實說，恢復營業真的好累。不過，書店有忠實顧客。就算店再小，還是會有一些客人願意來。我必須開一間能滿足他們需求的書店，所以我每天都要仔細研究，要在這麼小的書店放哪些書。」

這間由爺爺創業的桑畑書店，是釜石市歷史最悠久的書店。

聞名遐邇的新日本製鐵釜石製鐵所就在釜石市裡，這裡是全日本最早鋪設鐵路的城市。桑畑先生說，他爺爺每天都拉著雙輪推車到車站去，將商品運回店裡。從那個時候開業至今，桑畑書店已邁入第七十七週年。

「長大後我到東京念大學，四年級時還在三間書店努力打工學習，才回到釜石市幫忙家裡做生意。書店工作相當繁瑣，書商寄來的雜誌與書籍種類也很多。要在有限空間裡陳列符合顧客喜好的商品，真的是一件怎麼做都做不完的工作，老闆的選書眼光可以為書加分，也可以為書減分，我真心認為這是必須不斷磨練精進的工作能力之一。

既然回故鄉繼承家業，我認為必須在某種程度上，完整網羅專業書籍與一般書籍，搭配出黃金比例。我在念國中二年級時，釜石市發生了新日鐵的大合理化計畫事件，許多人舉家遷移，整個市流失了好幾千人。姑且不論這一點，過去的確有許多人湧入釜石市，開設各種才藝教室，因此這裡有許多茶道和插花老師。正因為文藝風氣相當興盛，所以即使到現在，釜石市還是有許多閱讀人口。」

暖爐讓整個空間充滿熱氣，辦公室裡堆滿了經銷商寄來的紙箱，裡面都是要賣的書，還有顧客傳真過來的訂單以及各種文件。桑畑先生啜飲著剛煮好的咖啡，稍事休息。即使店面縮小到九坪，經營理念依舊不變。「釜石市需要有自己的書店！」——從桑畑先生充滿熱血的語氣中，齋藤先生充分感受到他努力尋找在這裡開書店的意義。

地震過後，桑畑先生四處奔走，希望能繼續開店。

之前桑畑先生與員工們在整理堆滿瓦礫的書店時，其中一名員工發現了沾滿污泥的顧客名冊。儘管桑畑先生的住家與店面都被海嘯沖走，但名冊裡記載著書店長年培養的長期訂戶清單，是恢復營業的重要資產。以當時如此慘重的受災情形而言，可說是最幸運的奇蹟。

「自從店面被沖毀之後，我一直很擔心之前訂閱的雜誌要如何送到顧客手上。如果要重建店面，一定得花上好幾年，還必須貸款才行。即使如此，我還是想在釜石市繼續開書店。我很想趕快將雜誌送給顧客，不過存放顧客清單備份的保險庫整個被沖走，我完全不知道該如何配送。光是雜誌種類就有好幾千種，若是加上雜誌訂戶，就有數不清的搭配組合。

因此找到那本顧客名冊時，我真的好開心。店裡原來有兩本顧客名冊，依訂購數量分級。雖然沒找到訂購數量較大的客戶資料，還是找回了訂購數量較小的客戶資料。看到這本顧客名冊，我下定決心一定要拚了。接下來的一個月，我一邊整理店裡的瓦礫，一邊靠著顧客名冊與記憶挨家挨戶地拜訪，包括醫院診所、美容院、餐廳、私人住家……我還在醫院問每一位護士，以前店裡有哪些雜誌呢！」

桑畑真一先生

「我不會緬懷過去」

益智遊戲雜誌、NHK的課程講義、週刊雜誌、運動雜誌、圍棋與手工藝等各種與個人興趣有關的雜誌……。

由於車沒了，電話也不通，因此桑畑先生以腳踏車代步，拜訪完幾百名顧客。以土法煉鋼的方式慢慢找回失去的客戶資料，這是桑畑書店恢復營業的第一步。中央社的齋藤先生到他那裡拜訪時，他已經差不多復原完客戶資料，當時他才剛租下車站前的辦公室而已。

自從中央社恢復定期送貨之後，桑畑先生每天早上六點就從臨時住宅前往辦公室工作。由於物流公司的貨車最早會在六點十五分送貨過來，因此他一定要提早到，再將書搬進辦公室裡。以前可以請司機幫忙將書搬進倉庫裡，但現在他只有一間租來的小辦公室，而且這間辦公室還是在國道旁一間小房子裡的一樓，他實在不好意思麻煩司機。

八點過後，他會先回臨時住宅吃早餐，趁著中午前再跑幾十個地方，包括製鐵所、醫院、牙醫診所、美容院等，將雜誌與書送給客戶。有些書店決定不再開店之後，會將顧客介紹給他，因此在外面跑客戶的業績愈來愈好。

桑畑先生笑著說：「我早上很早就要起床，所以一到傍晚就想睡……。」

二〇一一年十二月，桑畑書店搬到石應禪寺旁邊的臨時商店街繼續營業。

「我還是想要一個店面，」桑畑先生說，「就算都做直銷業務，沒有店面還是不行。我也在醫院賣場與超市擺放貨架，不過，沒有店面就無法進書籍與文庫本，也無法掌握釜石市現在最暢銷的書是哪一類。而且我也想再雇用失業員工。所以從九坪起步就夠了，好不容易有了自己的店，我真的很開心。」

臨時商店街的空地上還興建了一棟小木屋，名為「KAMAISHI的箱子」。自從書店恢復營業之後，這裡舉辦了多場座談會與繪本朗讀會。座談會更邀請了以釜石市為故事背景的非文學作品《遺體》的作者石井光太先生、野田武則市長等貴賓蒞臨。

「這附近的房子全都被海嘯沖走了，所以沒什麼人，我一直在想怎麼做才能吸引人潮。」

桑畑書店曾經擁有釜石市營業面積最大的店面，是全市居民買書時的第一選擇，還設立了專屬停車場。不過，此時卻很少人知道桑畑書店恢復營業了。

「無論如何，我不會怨天尤人，這是天災，沒有人阻擋得了。這是無法改變的事實。打從一開始我就沒想過海嘯來臨之前的情景。我——」桑畑先生頓了一會，接著說：「絕對不會緬懷過去。盡量不去想以前的生活，拋開過去與現在，我只想以後的事情。要是對過去念念不忘，就無法重新振作了。」

他決定好好經營這間書店三年，等到有盈餘之後，一定要再蓋一間新書店！

桑畑先生說出自己的決心，朝決定好的目標努力邁進。

「我也知道事情可能沒有那麼順利，但如果瞻前顧後就永遠沒完沒了。目前還不知道舊店的鋼筋骨架是否還能用，也不清楚地層下陷了幾公分，是否能在原本的地點重建也在未定之天……。不過，我希望能在原地重建書店。我是真心這麼想的。而且，到時候我要稍微蓋大一點，開一間一百坪的書店。然後與家人住在書店二樓，我想將那裡當成我最後的棲身之所。」

書店就是要開在「完整空間」裡

三陸沿岸有許多書店都被海嘯沖毀，其中有幾間書店在受災後沒多久，很快就重建了新的書店。

以宮城縣氣仙沼市為例，二〇一一年十二月中旬，宮脇書店在開往市區的線道旁蓋了新的店面；桑畑書店也在組合屋重新開張。

在社長千田紘子女士與滿穗先生的努力之下，才得以在地震發生後短短九個月蓋好新店面，讓宮脇書店順利恢復營業。

新店面蓋好並做好所有準備，將書店名稱從原先的「宮脇書店氣仙沼店」更名為「宮脇書店氣仙沼本鄉店」，在十二月二十四日聖誕節前夕正式開幕。

掛在書店大門上方的招牌寫著「我們這裡什麼書都有」，還搭配各種拿著樂器的動物圖案，看起來十分可愛。由於之前在市區裡的氣仙沼店只剩下鋼筋骨架，因此改在目前店址蓋一間新店面。整體設計都跟原本的店一模一樣，許多常客都說：「感覺就像是以前的店重新復活了！」

我在第三章曾經介紹過，宮脇書店氣仙沼店於二〇一一年五月，在母公

千田滿穗與紘子伉儷

司三菱汽車經銷商旁開過「行動書店」。從那之後，每個週末都在同一個地點開設「青空書店」。多虧東販的大力協助，最初有許多顧客湧進設立在帳棚內的臨時店鋪。

不過，隨著夏天過去，進入秋天之後，「青空書店」很快就面臨瓶頸。剛開始很多顧客都是為了嚐鮮而來，將暢銷書與雜誌放在藍色折疊式塑膠箱裡販售，在原本是平坦的停車場、如今滿地碎石的地點開書店，時間一久自然沒有客人想再回購。遇到下雨天業績就掛零，如果當天氣溫較低，來帳棚買書的顧客也會銳減。

「我想要一個實體店面，書店還是應該要開在一個『完整空間』裡。」店長小野寺德行先生如此說道。「我們每個星期都刊登廣告，所有話題新書與暢銷書也一本不缺，但客人就是不上門。在帳棚裡開書店果然不是長久之計，這也是我們一直擔心的問題。」

海嘯沖走了小野寺店長的家，每天必須從避難所或臨時住宅到書店工作，偶爾還會去同樣開在氣仙沼市、位於購物中心裡的書店查探營業狀況。發現那裡的人潮絡繹不絕，一想起青空書店門可羅雀的慘況，心中真的有說不出的苦。

青空書店只在每週五六日開門三天，每到週一，他就一個人在空地旁的組合屋裡，默默檢查訂購商品。他原本是汽車經銷商的員工，十五年前宮脇書店氣仙沼店開幕時，他成為該公司的「書店負責人」，開始擔任書店店長。現在的他有時會放下書店工作，回到汽車經銷商幫忙處理賣車事宜。每當這個時候，他就好想擁有一間實體店面，愈來愈想在「可以稱為店面的地方賣書」。小野寺店長對我說出了心裡的話：「我好氣自己什麼都做不到……完全無能為力。一想到還能在這個帳棚撐多久，就開始覺得不安。我真的很希望能蓋一間新的店面。」

一起經營書店的千田滿穗先生與紘子女士，從發生地震之後，就一直想要重新開店。

不過，最初對於成立臨時書店這件事，兩人一直無法取得共識，浪費了不少時間。剛開始想要蓋一間五十坪左右的組合屋開書店，但又想要更大的空間，於是改變計畫，擴增到八十坪。沒想到八十坪的組合屋不像五十坪那麼好蓋，要蓋這麼大的組合屋，必須先做地基工程，也因此提高了租金。幾經思量之下，最後決定蓋一間真正的店面，也有利於未來發展。於是便在十月之後著手興建。

紘子女士回顧當時的情形說道：「承包商一直說工期這麼短根本蓋不出來，但我還是一直拜託他幫忙，一定要趕上十二月二十四日的開幕日。我這麼堅持是有原因的，之前的書店是在一九九七年十二月二十五日開幕，我希望能達成『早一天恢復營業』的目標，所以一定要在二十四日開幕。」

每次我到氣仙沼市拜訪紘子女士，她總是嘆息地說：「以前的書店還有咖啡店，那個時候很多居民都會在那裡喝咖啡聊天，只要約在外面就一定會約在宮脇書店，算是當地的地標。」

她的丈夫千田滿穗先生從年輕時就在氣仙沼市成立三菱汽車經銷商，更在仙台市內開設分店。他開始做生意是在一九六四年，當時的道路鋪設不像現在這麼先進，那一年也是東京奧運的舉辦年。滿穗先生原本在汽車駕訓班工作，後來就與紘子女士一起開設摩托車修理店。那個年代的馬路都是碎石路，腳踏車與汽車很容易爆胎。

不久之後，日本開始掀起一股汽車化風潮，開車人口日益增加，於是夫妻倆便將原本的修理店擴建成修理廠。除了修理摩托車與汽車之外，也擴展業務範圍，開始賣起了汽車。他們就是這麼一步步成長，在氣仙沼市站穩腳步後，慢慢在宮城縣與岩手縣開設分店。

在泡沫經濟崩壞後，千田夫婦以低價買進了魚市場附近的土地。正在思考要做什麼生意時，滿穗先生發現氣仙沼市的書店大多是中小書店，如果能在這裡開設大型書店，生意一定會很好。於是便在一九九四年加盟了宮脇書店。當時成立的書店光賣場面積就有一千平方公尺、後方空地也有三百三十平方公尺，店內更網羅了多達二十萬本書，可說是十分大膽的創舉。除了書店之外，還在旁邊附設直營咖啡店與兒童遊戲區，有一段時期還在走道設置椅子，方便顧客坐著閱讀。二〇一一年三月十一日，海嘯無情地帶走了書店，兩人苦心經營的店面毀於一旦。

紘子女士形容當時的情形：「幸好十四名員工全都安然無恙，不過其中有一半員工的家裡全毀。所有的書都被沖走了，可以確定的是重建需要許多時間。所以我們拿出手邊現有的錢，支付員工薪水，不得不解除聘僱關係。做這個決定真的很痛苦，大家都哭了。而且員工們都哭著說：『我們好喜歡書，如果重新開店我們還想回來。』」

滿穗先生延續太太的話，接著說：「因為怕耽誤他們的前程，我跟他們說：『重新開店時我一定會找你們回來，不過請你們一定要趕快去找新的工作。拖愈久，對生活的影響就愈大。』後來我們開設『青空書店』時，許多聽到消息的員工紛紛回來幫忙，我真的好感動……。」

正因如此，後來得以在縣道旁蓋新店面時，紘子女士才會希望能早日開店。每次她去工地現場監工時，很多朋友一看到她就會說：「這房子快蓋好了吧？這裡要開書店對吧？」每次聽到這些話，就令她深刻感受到當地居民期待書店恢復營業的熱切心情。

終於等到了開幕日，宮脇書店每年一到聖誕節就會舉辦慶祝活動，由員工穿上總公司準備的麵包超人裝，許多孩子就像去年一樣，為了看麵包超人全都到店裡來。以前在書店工作的員工超過一半再度回聘，他們在開店前重逢時，每個人都相當開心。

雖然營業面積只剩原來的三分之一，但開幕第一天創下來客人數一千零六十人的紀錄。

直到今日，在該店工作長達十一年的員工之一伊東秀子小姐提起當時的情景，還是不禁熱淚盈眶地說：「與大家重逢的那一天，忍不住想起當初離開書店時……我只能選擇相信社長說的『書店一定會重新營業』，並在內心祈禱這一天趕快到來。新書店在蓋的時候，我偶爾也會去工地看，還是難免會擔心能不能如期完成。我都擔心到頭髮快白了。

不過，我在青空書店幫忙時，客人曾經跟我說，希望我們再次在氣仙沼市開書店，以前的熟客也鼓勵我們趕快開店。自從書店恢復營業之後，一天一下子就過去了。明明工作時間比以前長，卻覺得時間過得好快。」

小野寺店長也接著說：「自從開店之後，原本在帳棚裡開始賣不動的地震相關書籍又再次熱賣。看到這樣的現象，更讓我感覺到實體店面有多重要。」

就這樣過了一個月、兩個月。

在這段日子裡最讓他們煩惱的是，現在的店面比以前小很多，該怎麼做才能留住跟以前一樣的豐富書系？

「以雜誌來說，我們會維持相同類別，以減少本數的方式，讓顧客買到跟以前一樣的雜誌。書籍就沒辦法保持跟以前一樣的數量，這附近有學校，所以在店裡多放一些參考書與樂譜，加上這裡臨海，因此也陳列了完整的海事圖書。我們每天不斷嘗試錯誤，慢慢找出最適合的商品組合。」

最讓我印象深刻的是，店員們都將地震過後一年依舊充滿活力的氣仙沼本鄉店稱為「二號店」。

被海嘯沖走的店依舊是店員們心目中的「總店」，開設新店是為了未來於原址重開書店所做的準備。「二號店」的名稱忠實地表達出千田夫婦的願望。

嚴選參考書的品質

時光匆匆，很快就來到了二〇一二年四月底。

在開店五個月後，我再次造訪一頁堂書店。整個冬天店員們努力工作，讓書店營運逐漸步上軌道，在即將邁入半年的此時，我很想知道他們在想什麼？而且希望成為什麼樣的「書店店員」？最重要的是，在工作的過程中，是否找到了在受創甚深的大槌町賣書的意義？

這一天，我走進明亮的MAST賣場裡，在書店櫃檯處看到木村薰先生。里美小姐則在整理書櫃上的書。木村先生一看見我，一如往常地露出羞赧的笑容，默默點了點頭。

「我好不容易才習慣書店的工作，奇怪的是三月十一日之前客人還滿多的，一到四月就銳減。這裡的人口也流失不少，我有點擔心。」

木村先生劈頭就說出了他的擔憂，不過，他看起來比上次見過面時輕鬆不少。

這一年的三月十一日，原本離開大槌町的居民紛紛回來，參加共同追悼會與一週年忌日法會。許多身穿喪服的親戚就站在店門前互相寒暄。

「我們去學校拜訪時，老師們都很高興鎮上開了書店。客人也一直鼓勵我們。不過，我們的目標不只是獲得肯定，我們還要更努力才行。」

還有許多以前的同學和朋友到此探望里美小姐，這個時候店裡傳來了里美小姐說話的聲音。雖然速度不是很快，不過，木村夫婦正一步步將一頁堂書店帶往「小鎮書店」的方向前進。

里美小姐說這一切都多虧有東販的幫忙，我在一頁堂書店裡繞了一圈，清楚感受到夫妻倆以自己的方式打造出的書店特色。在展示平台上陳列著地震相關書籍、放在童書專區的繪本、還有貼著好幾張手繪POP廣告的參考書書架……六十坪的店面擠滿了超乎坪效的書籍，令我印象深刻。「剛開始我們希望能多放一些書，所以不採取露出封面的平放方式陳列，將每本書都立起來，讓顧客看書背選書。不過這樣的做法被東販窗口看到後，把我們罵了一頓。」里美小姐不好意思地說著。「初期會覺得絕對不能退書，所以一直拖延退書的時間，好不容易送到大槌町來的書，我真的很不希望把它退回去……。每天我都跟店員討論把書放前面一點，看會不會賣得比較好，退書日就這麼不知不覺過去了。到最後進書量與庫存量實在是相差太大，東販窗口一直提醒我們該退的書一定要退，不能再這樣下去。」

木村夫婦在安排一頁堂書店的商品結構時有兩點堅持，那就是保留足夠的童書與參考書專區。就算東販窗口反對，他們也不會退讓。

「東販窗口跟我們說，一直以來繪本與參考書在大槌町的銷售量都很差。由於大槌町沒有補習班，釜石市才有考前衝刺班，所以這些書過去都賣得不好。」

不過，這就是里美小姐堅持的原因。地震過後，許多小學合併，很多小孩要到離城鎮很遠的地方上學。現在大槌町既沒有公共圖書館，學校教室裡也沒有班級圖書館。

「這裡的小孩以後將成為大槌町的棟樑，現在他們必須在瓦礫堆裡成長，我希望能讓他們在這裡買到幫助他們成長的書籍。我們抱持著這樣的想法開了書店，這也會是未來我最珍視的理念。」

這裡有很多人失去了工作、自己的家，以及最重要的家人。大槌町還有許多課題亟待解決，重建之路漫長無期。木村夫婦決定住下來，也順利獲得工作機會，他們想要盡一份棉薄之力，才會想要在這裡開書店。

一問之下才知道貼在參考書書架上的手繪ＰＯＰ廣告，全都是曾經有大考經驗的兒子親手繪製的。木村夫婦的兒子在大槌町土生土長，後來考進醫學系，是一位高材生。店裡賣的參考書都是從他用過的書中，以「釜石高中（知名的升學高中）的學生程度為標準」精選出來的。

「我希望能讓大槌町的居民，也能在這裡感受到盛岡書店的氣氛，讓他們知道這裡也有各式各樣的書。

東販窗口說得對，參考書的確賣得不好，但我曾遇過穿著橡膠靴的爺爺，來這裡買寫字練習簿回去給孫子。有時候走過參考書的書架，會發現有些地方空了，書都倒下來了。這就表示還是有人需要參考書，我覺得這樣就夠了。」

到書店尋找過去很寶貝的書

另一個里美小姐的堅持，就是充實的童書專區。

從十二月二十二日開幕那一天起，一頁堂書店展開為期五天的慶祝活動

「驚奇繪本嘉年華」。利用書店旁的空地舉辦活動，現場布置了數十本「立體繪本」以及添加一些小機關的繪本作品，許多家長帶著小孩來玩，活動氣氛相當熱絡。立體繪本就是打開後，會跳出立體場景或人物，製作十分精美的繪本。孩子們一打開立體繪本，無不驚喜地大叫：「好厲害喔，好酷！」「媽媽妳看，快點看！」從頭到尾一直被不熟悉的工作內容搞得人仰馬翻的木村夫婦，也被孩子們歡樂的笑聲療癒了。

由於繪本價格較高，許多爺爺奶奶會買寫字練習簿送給孫子。此外，父母沒買繪本的小孩，也會不斷走回嘉年華活動現場，拿起現場展示樣書當成是自己的書，向同學炫耀。

在所有繪本中最令里美小姐難忘的就是，大日本繪畫於二〇〇九年發行、由湯米．狄波拉（Tomie dePaola）繪製的《巫婆奶奶》（*Strega Nona*）。日本曾在一九七八年，由Holp出版社發行這本書的立體繪本，劇情描述到巫婆奶奶諾納家工作的安東尼，偷偷使用魔法讓鍋子裡不斷變出麵條，卻不知道如何停止，搞得整個小鎮雞犬不寧，內容輕鬆有趣。只要一打開書，巫婆奶奶與安東尼的人物剪影就會立刻跳出來。

從開幕首日連續舉辦五天的嘉年華結束後不久的某一天，正當里美小姐翻開《巫婆奶奶》展示樣書的第一頁，放在童書書櫃上時，有一位二十多歲的女性顧客開口詢問：「請問這本書有在賣嗎？如果只有樣書我也想買。」里美小姐立刻回答：「這本書可以訂購，我幫妳訂。」於是便向經銷商發出訂單。

「過幾天我將寄來的書交給對方，對方很誠心地不斷向我道謝，看到她的反應，我猜想這本繪本對她而言一定很重要，而且充滿美好回憶，卻被海嘯沖走了。」

其實不只是繪本，也有許多客人來書店找對自己很重要的書。

自從開店以來，一頁堂書店一直有顧客前來詢問被海嘯沖走的書。有些客人忘了書名，木村夫婦也會跟對方一起在電腦上搜尋，找到封面很像的書時就請對方確認，如果確定不是這一本，就再繼續搜尋。每當這個時候，他們更深刻地感受到一頁堂書店是「災區書店」的事實。

木村先生表示：「我相信災區書店都一樣，一定有很多顧客前來尋找過去很寶貝的書。」

為什麼會想再買同一本書？很少人能準確說出原因。這就給木村夫婦很大的想像空間，他們猜想那本繪本或許是小時候父母送的禮物，那本書或許是隨時放在身邊的參考書，也有可能是從來沒看過，卻一直放在書櫃，只要看到就覺得安心的書……。

「一頁堂是六十坪的書店，放不下所有的書。而且有時候進一步查詢出版社的庫存數量，也會遇到尚未確定是否再版或是絕版書。讓顧客失望而歸對我們來說真的很難過，但我們也盡全力搜尋了……。」

他們也曾經遇過一次這樣的例子——

某天里美小姐正在櫃台裡工作，有一位年紀很大的男士推著推車過來問：「小姐，我想要找教人做七福神的書。」這位老先生的興趣就是用木頭雕刻七福神，可是他之前買的實用書都被海嘯沖走了。

木村先生立刻上網搜尋，找到了田中文彌寫的《七福神雕刻法》，出版商是發行過許多美術技法教學書的日貿出版社，不過出版年分是一九七八年，離現在有點久遠。詢問之下才知道這本書已經絕版了，但木村先生還是想要達成這位老先生的心願，便打電話聯絡日貿出版社，說明來電旨意後，對方告訴他：「這本書還有一些留底用的餘書，不過大部分都是受損書。」

木村先生轉頭問老先生：「他們還有受損書可以訂，你可以接受嗎？」對方立刻回答：「可以，有髒污的書也沒關係。」開心的表情溢於言表。後來書寄到書店並轉交到老先生的手上，不久之後，那位老先生送了一座木雕作品給木村先生。

里美小姐接著說：「即使是現在已經不賣的舊書，也是大槌町居民亟需的寶物。例如被海嘯沖走的辭典或國語字典；以漫畫來說，不是《航海王》，而是保存在家裡的全套《七龍珠》；好幾年前熱賣的《哈利波特》系列也是其中之一。正因為大槌町是海嘯災情最嚴重的城市，所以只要是之前大賣過的書，我都會特別訂購並擺在架上。」

有些人重新買過被海嘯沖走的書，有些人則拜託書店幫忙訂購卡拉ＯＫ伴唱帶回來練習。更令人難忘的是，還有小孩從木村夫婦堅持設置的童書專區拿著喜歡的書，走到櫃檯結帳，目不轉睛地盯著書放進袋子裡等待結帳的過程……。

木村夫婦每天都會用手指數數，記錄今天的來客數，在與顧客溝通聊天的過程裡，逐漸蛻變成「書店店員」，一頁堂書店也逐漸扮演起「小鎮書店的角色」。

書店業每年都要接受愈來愈嚴峻的生存競爭，他們的書店或許只能算是漂浮在大海裡的小船。不過，從前頁描述過的開店原委，不難看出一頁堂書店代表著木村夫婦留在大槌町生活的決心。更令人感到動容的是，從二〇一二年四月起，一頁堂書店還嘗試了一項創舉，針對因海嘯失去雙親的小孩，在每年生日時贈送一頁堂書店專用商品券，一直到他們高中畢業為止。

木村先生感性地說：「我跟太太已經下定決心，在海嘯那一年出生的小孩，一直到他十八歲為止，一頁堂書店都會持續在這裡開門營業。雖然只是一點小驚喜，一旦開始就不會結束。我現在四十七歲，十八年後就是六十五歲。換句話說，我們的目標就是在這十八年……在這十八年裡堅守崗位，用心經營一頁堂書店。」

終章

二〇一二年六月三日星期天，山田町的天空蒙上一層薄薄的雲。冷風從海邊往臨時商店街的方向吹過來。

「這裡完全沒有建築物阻擋……風會直接穿透到內陸。」套著藍色圍裙的大手芳春先生如此說著。他平時是在隔壁宮古市的建設公司工作的上班族，今天是大手書店在組合屋開門營業的吉日，所以特地來幫忙。

他的妻子惠美子小姐與岳母喜美女士，也穿著相同款式的圍裙，正在準備開店。地震前一直惠顧店裡的常客、避難時也與她們待在一起的松橋姬子小姐站在店門口，惠美子小姐的兒子一也則將氣球、繪有「懶懶熊」圖案的扇子以及「航海王」杯墊陳列在入口處。這些是各出版社為了這一天特地送來的紀念品，要送給到書店來的顧客。

雜誌專區設在店面後方，中間是文具，沿著牆面擺放的書櫃則放滿實用書、文藝書、文庫本以及地震相關書籍。進門處的展示平台擺放著《共喰》、《日本語小說集》、《再見了，克里斯多夫・羅賓》等文藝書、《下山的思想》、《大人的風範》等暢銷書，以及在開店活動「著色畫比賽」中使用的色鉛筆與《大人的著色畫》。

「現在幾點了？」

惠美子小姐頻頻詢問時間，隨著開店時間早上九點逐漸逼近，她很擔心沒有顧客上門。

過去這段日子，我一直在東北地方的書店採訪，大手書店在臨時商店街開業這件事，對我來說相當重要。自今年二月在「仲好公園商店街」的大型帳棚見面時，她們兩位很興奮地跟我說：「最快下個月就能將店面移到組合屋裡了。」沒想到組合屋的興建進度受到地基工程影響，延遲了一個月又一個月，直到六月分才正式進駐。

「剛開始還有客人來，後來有其他商店街成立，客人就變少了。帳棚裡本來就擺不下多少書，原本在這裡一起擺攤的店家轉移到組合屋之後，帳棚裡就顯得相當冷清，老實說我真的很著急。」

聽到惠美子小姐說的這一段話，我不禁想起第一次造訪「仲好公園商店街」的情景。

還記得那一天很冷，下到前一天才停的雪，讓盪鞦韆與溜滑梯四周的地面全都結凍了。小小的公園空地裡架起了白色帳棚，打開簡易的木板門走進去，便看見地上鋪著碎石子的空間裡，開著服飾店、保險代理店、棉被店等攤位。喜美女士與惠美子小姐穿著厚重衣服，待在其中一角的攤位上，忙著處理配送書籍與雜誌事宜，頻繁地進出帳棚。

喜美女士五十年前成立的書店遭到海嘯沖毀，她與惠美子小姐兩人到山田國中避難所避難時，就一直想著要再開店。

「當時已經快接近小學新生入學的時期，正要進入上學用品的銷售高峰。電話通了之後，我立刻聯絡顧客並配送商品，熟客遇到我就跟我說他想買書。」

為了滿足顧客需求，她們早上在避難所煮完早餐後，隨即到商會拿取寄到那裡的商品，每天過著這樣的生活。

「你的書到囉。」喜美女士將客人訂的地震攝影集交給對方，在附近的人一聽到書來了，也慢慢聚集過來。

「就算沒有店面，我也要繼續做生意。我很擔心要是現在不做，就永遠沒機會做了。」

誠如喜美女士所說，她與惠美子小姐兩人只要一收到商品，就開始標價、製作進貨單、將攝影集擺放在包袱巾上，或將書立在紙箱裡，初期最克難的「書店」就此誕生。她們兩人避難時完全沒帶任何財物，就連筆也沒有，於是開著唯一剩下來的小車，前往宮古市的百圓商店，購買最基本的文具和紙，為每本書標價。母女倆還是維持著每天早上去商會拿商品的生活，三月底她們聽說在被沖毀的陸中山田車站附近公園，將興建帳棚作為商店街，不過五月以後才可以進駐。她們很開心地跟熟客說：「以後可以賣雜誌了。」心中充滿了重新開店的喜悅。

「剛開始沒有商品，所以就是賣一些抽抽樂、書籍與文具。文具也是依照客戶要求慢慢增加品項。」

臨時商店街剛開幕時，吸引了許多人潮上門，等到便利商店恢復營業，鎮上慢慢出現其他可以購物的地方後，來客數也跟著減少。由於中央町地區的組合屋即將興建完成，該處也有成立臨時店鋪的計畫，喜美女士與惠美子小姐十分幸運地抽中了開店資格。於是母女倆滿心期待組合屋完工的那一天，並決定一直到明年夏天為止要延長營業時間，並多買一些之前因為沒地方擺而欠缺的實用書與字典類商品。

「——我們後來還追加了書櫃，不過直到昨天才送來。我們搬動了好幾次書櫃，重複上架下架的過程，好不容易才趕上今天的開店時間。我們這次除了有夾報廣告之外，也到臨時住宅那邊發傳單，希望待會會有客人來……。」

惠美子小姐說出了自己的擔憂，還好一到開店時間早上九點，就有四、五名客人陸續到店裡來。

當天雖然沒有到排隊結帳，或店裡擠到水洩不通的情形，但整個上午人潮都沒斷過。看到長年關照的熟客進門，店裡立刻響起歡樂的笑聲。有人說這裡就像以前那間書店一樣，也有年紀較大的男性客人說，今天剛好在臨時住宅的信箱裡看到傳單就來了。還有媽媽帶著小孩來參加著色畫比賽。雖然沒有到店裡來，不過商店街旁的道路上，也有人開著車探頭查看書店狀況，像是確認城市的變化後才安心離去。

幾乎所有客人只要到書店來，就會在不算寬敞的店裡流連忘返。雙眼緊盯著書櫃，有些客人會買書，有些客人則是純粹看看。

每次有客人問店裡有沒有植物字典或園藝書籍，喜美女士與惠美子小姐就會一起選書。還有好幾人因為自己的字典被海嘯沖走了，而到書店重新購買。

過了早上最忙碌的時段後，母女倆笑著說：「我們的書店果然是開給孩子跟老人家的。」從她們身上可以明顯感受到一股溫和又堅強的感覺。

喜美女士向我說出自己的心情：「今天真的是太開心了。原本還很擔心沒有客人來，之前還擔心到睡不著。希望能將這間書店營造出輕鬆的氣氛，讓所有客人都喜歡來走走逛逛。」

惠美子小姐小心翼翼地撫摸著自己花了最多心力整理的實用書書櫃，笑著說：「到處都是空隙，今天賣了很多書喔！」後來在櫃檯整理收據時，她也興奮地跟大家說：「這是我今天第一百零一次開收銀機，表示今天有一百位客人跟我們買東西喔！」

我問惠美子小姐今天有什麼感想，她流露出安心的神色說道：「有人是之前的常客，有人是看了傳單來的……真是太感謝大家了。有了大家的支持，我就能繼續努力下去……。」

那天一到下午天氣就放晴了，舒緩了早上的寒氣。我走出店外，看見眼前殘留著一整片建築物的地基，油菜花與白三葉草爭相綻放。空氣中帶著海潮的味道，雖然感覺有點冷，不過可以確實感受到春天即將結束。

從我站的地方可以看到國道後方的防波堤，夕陽的紅色餘暉照耀著遠方船越半島的綠意。

我聽到書店裡傳來「歡迎光臨」的聲音。

海風吹過臨時商店街的狹長走道，宣告書店開門的綠色旗幟迎風飄揚。

後記

本書是結合二〇一一年三月十一日地震之後，在《週刊Post》陸續刊登的〈重生的書店〉（復興の書店）連載單元，以及最新的採訪內容，大幅修編而成。

這一年多來，我造訪了遭受海嘯重創的三陸沿岸，以及在福島縣與仙台市書店、還有在當地出版社、報社與災情慘重的大手製紙工廠工作的人們。這段路程也是追溯一本書與雜誌的製作過程，以及送到讀者手上的整個流程。

最令我印象深刻的是，好多位書店店員在經歷過大地震之後，都體會到「書店是營造小鎮『日常生活』不可或缺的存在」，而且這個體會也是繼續從事這份工作最重要的「啟發」。

誠如店員所說，即便遭遇海嘯和輻射外洩事故的打擊，許多人仍希望在故鄉繼續開店並付諸行動。在採訪過程中，就連我這位採訪者，也深刻感受到書店在小鎮上扮演的無法取代的角色與其擁有的力量。不僅如此，儘管地震震垮了陳列在書櫃上的書籍，所有商品全部報銷，他們仍不放棄，一步步重建書店。這一年來，我用筆寫下了這些勇者的努力，也湧起了我心中對於「書」的熱愛。

在採訪這本書的過程中，我受到許多人的協助。

首先我要深深感謝在業務最繁忙的時候撥冗接受採訪，娓娓道來地震剛發生時的經歷與想法的書店經營者與店員們。

最後，我要感謝本書責任編輯，小學館《週刊Post》編輯部的柏原航輔先生，攝影師公文健太郎先生，以及裝訂師傅前橋隆道先生的大力協助。謝謝大家。

二〇一二年七月　稻泉連

鹽川書店　鹽川祐一先生

上圖　大內書店　大內真子小姐

下圖　書之森飯館書店　高橋美穗里小姐

上圖　在組合屋重新出發的大手書店（前排左邊為大手喜美女士、中間為惠美子小姐）。
其他三張照片皆攝於重新營業的六月三日。

大手書店

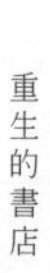

BOOKPORT NEGISHI　千葉聖子小姐

國家圖書館出版品預行編目 (CIP) 資料

重生的書店 : 日本三一一災後書店紀實 / 稲泉 連作 ; 游韻馨翻譯 . -- 初版 . -- 臺北市 : 行人文化實驗室 , 2014.03
224 面 ; 148x210 公分

譯自 : 復興の書店
ISBN 978-986-90287-1-4 (平裝)

487.631 103003293

重生的書店：日本三一一災後書店紀實

復興の書店

作　　者：稲泉 連
翻　　譯：游韻馨
總 編 輯：周易正
執行編輯：陳敬淳
美術設計：阿發小姐
行銷業務：李玉華、沈小西、蔡晴
印　　刷：崎威彩藝
定　　價：300 元　ISBN：978-986-90287-1-4

2014 年 3 月　初版一刷　版權所有・翻印必究
出版者：行人文化實驗室 (行人股份有限公司)
發行人：廖美立
地址：10049 台北市北平東路 20 號 10 樓
電話：(02)2395-8665　傳真：(02)2395-8579
郵政劃撥：50137426　http://flaneur.tw
總經銷：大和書報圖書股份有限公司
電話：(02)8990-2588

攝影　公文健太郎 (p.147~150, p.218~221)